AutoUni – Schriftenreihe

Band 180

Reihe herausgegeben von

Volkswagen Aktiengesellschaft, Volkswagen Group Academy, Wolfsburg, Deutschland

Jorrit Voigt

Beitrag zur Industrialisierung maschineller Lernverfahren in Fertigungsanlagen

Springer Vieweg

Jorrit Voigt
AutoUni
Wolfsburg, Deutschland

Zugl. Braunschweig, Techn. Univ., Diss., 2025

ISSN 1867-3635 ISSN 2512-1154 (electronic)
AutoUni – Schriftenreihe
ISBN 978-3-658-50176-1 ISBN 978-3-658-50177-8 (eBook)
https://doi.org/10.1007/978-3-658-50177-8

Die Deutsche Nationalbibliothek verzeichnet diese Publikation in der Deutschen Nationalbibliografie; detaillierte bibliografische Daten sind im Internet über https://portal.dnb.de abrufbar.

Planung/Lektorat: Friederike Lierheimer
Springer Vieweg ist ein Imprint der eingetragenen Gesellschaft Springer Fachmedien Wiesbaden GmbH und ist ein Teil von Springer Nature.
Die Anschrift der Gesellschaft ist: Abraham-Lincoln-Str. 46, 65189 Wiesbaden, Germany

Danksagung

Mein erster Dank gilt Herrn Prof. Dr.-Ing. Klaus Dröder für die wissenschaftliche Betreu-ung und Förderung des kritischen Diskurses. Beides trug zum erfolgreichen Abschluss meiner Promotion bei. Im Weiteren möchte ich mich herzlich bei Herrn Prof. Dr. rer. nat. Michael Möckel für die Unterstützung und die Betreuung während des Promoti-onsprozesses bedanken. Durch ihn bekam ich die Möglichkeit, mich intensiv und auf wissenschaftlichem Niveau mit maschinellen Lernverfahren auseinanderzusetzen. Sein Rat, seine Denkanstöße und seine Meinungen leisteten einen wesentlichen Beitrag zu dieser Dissertation und prägten meine eigene Arbeitsweise nachhaltig. Herrn Prof. Dr.-Ing. Carsten Schilde danke ich für die Übernahme des Vorsitzes bei meiner Promotionsprüfung. Ferner gilt mein Dank den Kolleginnen und Kollegen bei Volkswagen, die mich auf dem Weg zur Promotion stets begleiteten. Ebenso bedanke ich mich bei den Mitarbeiterinnen und Mitarbeitern des Lehrstuhls für Werkzeugmaschinen und Fertigungstechnik der Technischen Universität Braunschweig für den wertvollen fachlichen Austausch und die tatkräftige Mithilfe während meiner Promotionszeit.

Nicht zuletzt möchte ich meiner Familie und meinen Freunden für ihr Verständnis und ihren Rückhalt danken. Insbesondere bedanke ich mich bei meinen Eltern Anja und Andreas sowie meiner Schwester Pia. Mein letzter Dank gilt meiner Freundin Naomi für ihre Unterstützung und Ratschläge, da sie den gesamten Promotionsprozess aus nächster Nähe mit begleitete.

Haftungsausschluss

Die Ergebnisse, Meinungen und Schlüsse dieser Dissertation sind nicht notwendigerweise die der Volkswagen AG.

Kurzfassung

Ein zentrales Entwicklungsgebiet in der Fertigungstechnik ist die Steigerung der Wertschöpfung durch die Digitalisierung von Fertigungsanlagen. Die Potenziale dieser Entwicklungen sind vielseitig und umfassen unter anderem die Steigerung der Produktivität von Fertigungsanlagen oder den Ausbau der Automatisierung. Zur Erreichung dieser Ziele werden in heutigen Fertigungsanlagen zahlreiche Sensoren eingebaut, die eine große Datenmenge liefern. Eine der vielversprechendsten Technologien zur systematischen Verarbeitung großer Datenmengen und zur Erhöhung des Automatisierungsgrades ist das maschinelle Lernen. Hierbei handelt es sich um Algorithmen, die eigenständig aus Daten lernen und in großen Datenmengen auftretende Muster erkennen. Die vollständige Integration dieser Technologie ist jedoch mit hohen Kosten verbunden und aus technischer Sicht nicht in jedem Anwendungsfall sinnvoll. Aufgrund fehlender Kenntnisse über die geeigneten Anwendungsbereiche scheitern viele Projekte bei der Industrialisierung maschineller Lernverfahren oder es werden aus Kostengründen regelbasierte Systeme bevorzugt. Dabei sind die Potenziale regelbasierter Systeme in den letzten Jahren weitge-hend ausgeschöpft, sodass diese in komplexen Anwendungen zunehmend an ihre Grenzen stoßen. Es gibt bislang keine klaren Kriterien, die eine Entscheidung darüber ermöglichen, welches Verfahren in welchen Anwendungen den größten Vorteil bietet. Im ersten Teil dieser Dissertation wird eine Entscheidungsgrundlage geschaffen, die es ermöglicht, frühzeitig zu bestimmen, ob ein regelbasiertes System oder ein maschinelles Lernverfahren für die jeweilige industrielle Anwendung am besten geeignet ist. Eine weitere Herausforderung besteht in der bislang undefinierten Entwicklungsmethodik für maschinelle Lernverfahren, die frühzeitig die notwendigen Bedingungen für eine erfolgreiche Industrialisierung festlegt. Im zweiten Teil wird eine Systematik zur Entwicklung datengetriebener Modelle unter Berücksichtigung der Theorie zur Unsicherheitsquantifizierung vorgestellt. Zudem werden Methoden zur Validierung der Industrialisierungsfähigkeit eingeführt. Hierdurch können frühzeitig die Erfolgsaussichten für eine Industrialisierung evaluiert und kostenintensive Projekte ohne Erfolgsaussichten vermieden werden.

Die vorliegende Dissertation leistet einen Beitrag zur gezielten Einbringung maschineller Lernverfahren in Fertigungsanlagen durch die gezielte Auswahl von Anwendungsbereichen und einem systematischen Entwicklungsprozess zur Sicherstellung der Industrialisierung der Modelle. Somit können bereits frühzeitig im Entstehungsprozess einer Fertigungsanlage die Grundlagen für eine erfolgreiche Industrialisierung maschineller Lernverfahren geschaffen und das Potential dieser Technologie in der Fertigung effizient genutzt werden.

Abstract

A major field of development in manufacturing technology is increasing value through the digitalization of production systems. The potential of these developments is multi-faceted, including, among others, improving the productivity of production systems and expanding automation. For achieving these goals, modern manufacturing systems are equipped with numerous sensors that provide large amounts of data. One of the most promising technologies for systematically processing large datasets and increasing the level of automation is machine learning. These algorithms learn autonomously from data and recognise patterns in large datasets. However, the full integration of this technology is associated with high costs and, from a technical perspective, is not always sensible for every application. Due to a lack of knowledge about suitable application areas, many projects fail in the industrialization of machine learning techniques, or rule-based systems are pre-ferred for cost reasons. The potential of rule-based systems has been largely exhausted in recent years, meaning that these systems are progressively reaching their limits in complex applications. Currently, there are no clear criteria to determine which method provides the greatest advantage in which applications. In the first part of this dissertation, a decision framework is developed that allows for early determination of whether a rule-based system or a machine learning technique is best suited for a given industrial application. Another challenge lies in the undefined development methodology for machine learning techniques, which should establish the necessary conditions for successful industrialization early on. The second part presents a systematic approach to developing data-driven models, incorporating uncertainty quantification theory. Additionally, methods for validating in-dustrialization feasibility are introduced.

This enables early evaluation of the chances for successful industrialization and helps avoid costly projects with no prospects of success. This dissertation contributes to the targeted integration of machine learning techniques into production systems by selecting appropriate application areas and establishing a systematic development process to ensure the industrialization of the models. This allows the foundations for successful industrialization of machine learning techniques to be laid early in the development process of a production system, thus enabling the efficient use of the potential of this technology in manufacturing.

Inhaltsverzeichnis

Abkürzungs- und Symbolverzeichnis

ABS	Antiblockiersystem
AE	Autoencoder
AFO	Arbeitsfolge
aleat.	aleatorischen
AU	aleatorische Unsicherheit
AUC	Area Under the Curve
β-CVAE	β-Convolutional Variational Autoencoder
CNN	faltendes neuronales Netz, engl. Convolutional Neural Network
CPS	Cyber-Physisches System
CRISP-DM	Cross Industry Standard Process for Data Mining
CT	Computertomographie
DBSCAN	Density Based Spatial Clustering of Applications with Noise
DoE	statistischen Versuchsplanung, engl. Design of Experiments
epist.	epistemischen
EU	epistemische Unsicherheit
FEM	Finite-Elemente-Methode
FMEA	Fehlermöglichkeits- und Einflussanalyse
GAN	Generative Adversarial Network
HB	Harvey-Ball
i. O.	in Ordnung
IIoT	Industrielles Internet der Dinge
IKT	Informations- und Kommunikationstechnologien
IoT	Internet der Dinge
IQ	Interquartil

IQA	Interquartilsabstand
IT	Informationstechnik
KI	Künstliche Intelligenz
LHS	Latin Hypercube Sampling
LIME	Local Interpretable Model-agnostic Explanations
LTS	Lasertriangulationssensor
MEB	Modularen E-Antriebs-Baukasten
MIG	Metall-Inertgas
ML	maschinelle Lernen
MLP	Multi-Layer Perceptron
n. i. O.	nicht in Ordnung
OEE	Gesamtanlageneffektivität, engl. Overall Equipment Effectiveness
PBF-LB/M	Laser Powder Bed Fusion Metal
PC	Hauptkomponenten, engl. Principal Components
PCA	Hauptkomponentenanalyse, engl. Principal Component Analysis
PKW	Personenkraftwagen
PoC	Konzepttauglichkeit, engl. Proof of Concept
PSNR	engl. Peak Signal-to-Noise Ratio
Px	Pixel
QS	Qualitätssicherung
RGB	Rot-Grün-Blau
RL	verstärkenden Lernen, engl. Reinforcement learning
RNN	Rekurrentes neuronales Netz, engl. Recurrent neural network
ROC	Receiver Operating Characteristic
ROI	relevanten Bildbereiche, engl. Region of Interest
S/W	Schwarz-Weiß
SLS	Streifenlichtsensor
SMOTE	Synthetic Minority Oversampling Technique
SSIM	Structural Similarity Index Measure
SVM	Support Vector Machine
TDSP	Team Data Science Process
TL	Transfer Learning
VAE	Variational Autoencoder
YOLO	You Only Look Once network

Abbildungsverzeichnis

Tabellenverzeichnis

Einleitung 1

Die industrielle Massenproduktion von Werkstücken stellt einen essenziellen Bestandteil moderner Volkswirtschaften dar, da sie einer breiten Bevölkerungsschicht den Zugang zu technologischen Fortschritten ermöglicht. In Deutschland hatte das verarbeitende Gewerbe im Jahr 2023 einen Anteil von 20,4 % an der Bruttowertschöpfung, was den höchsten Anteil unter allen europäischen Ländern darstellt [1]. Die Bauteile mit komplexen Geometrien und Funktionen werden in Fertigungsanlagen durch verschiedene Fertigungstechniken hergestellt. Mit der zunehmenden Digitalisierung in nahezu allen Bereichen der Wirtschaft werden verstärkt Verfahren und Methoden aus der Informationstechnik (IT) in Fertigungsanlagen integriert. Eine vielversprechende Technologie, die ein erhebliches Potenzial zur Steigerung der Wertschöpfung bietet, ist das maschinelle Lernen (ML). Die Integration und Industrialisierung von ML-Verfahren in Fertigungsanlagen stellt jedoch eine erhebliche Herausforderung dar, weshalb der Fokus dieser Dissertation auf der Industrialisierung von ML-Verfahren in industriellen Fertigungsanlagen liegt [2–4].

1.1 Einführung in die Thematik

Der Begriff Künstliche Intelligenz (KI) umfasst eine Vielzahl unterschiedlicher Anwendungen, wobei zwischen menschenähnlicher Intelligenz (umgangssprachlich starke KI) und dem Imitieren menschlicher Intelligenz (umgangssprachlich schwache KI) unterschieden wird. Die heutigen Entwicklungen im Bereich künstlicher Intelligenz basieren auf dem ML [5]. Im ingenieurwissenschaftlichen Kontext werden spezifische Problemstellungen durch diese Modelle gelöst, wobei es sich nach der anfänglichen Definition hierbei um eine Art schwache KI handelt [6]. Entscheidend ist jedoch, dass maschinelle Lernverfahren anhand von Daten trainiert

J. Voigt, *Beitrag zur Industrialisierung maschineller Lernverfahren in Fertigungsanlagen*, AutoUni – Schriftenreihe 180,
https://doi.org/10.1007/978-3-658-50177-8_1

werden und die Merkmale für eine bestimmte Entscheidung (z. B. Klassifikation) selbstständig erlernen. Dies unterscheidet diese Verfahren insbesondere von regelbasierten Systemen, bei denen die Regeln für eine Vorhersage bzw. Entscheidung manuell programmiert/kodiert werden. Auch sind ML-Verfahren von physikalischen Modellen zu unterscheiden. Letztere nutzen mathematische Gleichungen (insbesondere Differentialgleichungen) zur Beschreibung der zugrundeliegenden physikalischen oder chemischen Zusammenhänge, die sie numerisch lösen. Maschinelle Lernverfahren sind dagegen datenbasierte Modelle und erlernen Zusammenhänge zur Vorhersage anhand einer Datenbasis. Die Trainingsdaten entsprechen somit einer Stichprobe, welche die zugrundeliegende Verteilung einer Problemstellung repräsentiert. Diese Herleitung stellt den Zusammenhang zwischen maschinellen Lernverfahren und Statistik her, weshalb ML-Verfahren auch als statistische Lernverfahren bezeichnet werden. Bei den Vorhersagen dieser Modelle handelt es sich somit eher um Hypothesen auf der Grundlage erhobener Daten als um die Identifikation von Kausalketten [7–9].

Maschinelle Lernverfahren werden heutzutage in zahlreichen Anwendungen eingesetzt, wie bei der Gesichtserkennung durch Smartphones [10], im Online-Marketing [11] oder bei sprachbasierten Chatsystemen (u. a. ChatGPT) [12]. Im Maschinen- und Anlagenbau ist der Einsatz maschineller Lernverfahren hingegen deutlich weniger verbreitet [3]. Trotz zahlreicher wissenschaftlicher Publikationen zur Lösung spezifischer ingenieurtechnischer Herausforderungen [13, 14] ist die tatsächliche Übertragung in industrielle Fertigungsanlagen gering. Je nach Quelle erreichen 70–90 % aller ML-Projekte in der produzierenden Industrie nicht das vorgegebene Ziel (meist Anlagenintegration) [15–18]. Die beiden wesentlichen Ursachen hierfür sind zum einen eine falsche Auswahl von Anwendungsfällen für maschinelle Lernverfahren in Fertigungsanlagen. Zum anderen wird häufig die Performance aus einer Konzeptstudie in der Fertigungsanlage nicht erreicht, wodurch es zu späten Projektabbrüchen kommt. Bei der Entstehung einer Fertigungsanlage werden zunächst die einzelnen Arbeitsfolgen mit den jeweilig einzusetzenden Systemen durch die Anlagenplanung ausgelegt. Hierbei ist eine korrekte Auswahl der einzusetzenden Technologien und die Absicherung der Industrialisierung wesentlich, da anderweitig hohe Kosten entsprechend der Zehnerregel der Fehlerkosten (engl. Rule of Ten) entstehen können [19]. Die niedrige Erfolgsquote bei ML-Projekten führt zu einer geminderten Berücksichtigung derartiger Verfahren für neue Fertigungsanlagen (sog. Greenfield). Da zum Zeitpunkt der Planungsphase keine Prozessdaten vorliegen, stellt die Entscheidung über die Eignung eines maschinellen Lernverfahrens oder regelbasierten Systems eine besondere Herausforderung dar. Bei maschinellen Lernverfahren werden die Modelle anhand von Daten trainiert, weshalb eine gewisse Einlaufphase während der Produktionszeit benötigt wird. Zur Absicherung des Anlagenanlaufs werden die eingeplanten Systeme, wie beispielsweise maschinelle Lernverfahren, in einer Prozessentwicklungsphase evaluiert und parametrisiert. Die Übertragung maschineller Lernverfahren von diesen Konzeptstudien hin in die tatsächliche Fertigungsanlage stellt allerdings eine weitere Herausforderung dar. Dies ist vorrangig auf eine veränderte Datengrundlage sowie unzureichend generalisierende ML-Modelle zurückzuführen, weshalb die erwartete bzw. benötigte Performance für die Industrialisierung nicht erreicht wird [16, 20–22].

1.2 Übergeordnete Zielsetzung der Arbeit

Das Ziel der vorliegenden Dissertation ist es, einen Beitrag zur Erhöhung der Industrialisierungsquote von maschinellen Lernverfahren in Fertigungsanlagen zu liefern. In Abbildung 1.1 ist der Entstehungsprozess einer Fertigungsanlage mit den vier wesentlichen Schritten Produktentwicklung, Anlagenplanung, Prozessentwicklung und Anlagenbau, sowie den in dieser Dissertation betrachteten Forschungsbereichen dargestellt.

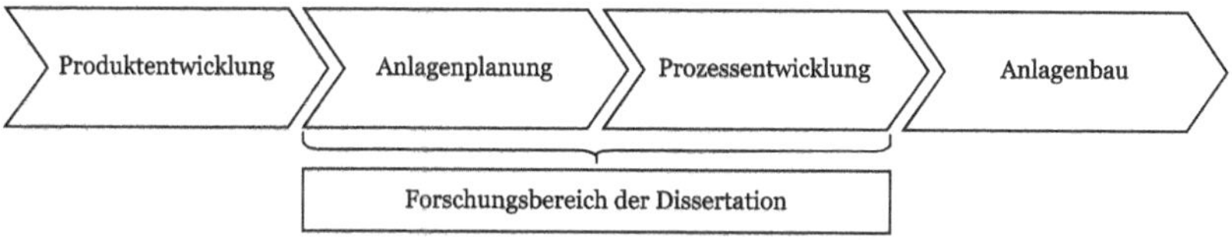

Abbildung 1.1 Die vier wesentlichen Phasen der Entstehung einer Fertigungsanlage mit dem Fokus dieser Dissertation auf die Anlagenplanung und Prozessentwicklung

Zur Unterstützung der Anlagenplanung wird zunächst eine Entscheidungsgrundlage geschaffen, anhand derer für Anwendungsfälle aus dem Bereich der Qualitätssicherung entschieden werden kann, ob ein regelbasiertes System oder ein maschinelles Lernverfahren zur Klassifikation von Bauteilen geeignet ist. Hierdurch können frühzeitig die notwendigen technischen Voraussetzungen für das jeweils ausgewählte System eingeplant werden. Dies ist insbesondere bei der Anwendung maschineller Lernverfahren entscheidend, da eine nachträgliche Integration der notwendigen IT-Infrastruktur bei ML-Projekten mit hohem Aufwand verbunden ist. Für die anschließende Phase der Prozessentwicklung wird ein systematisches Vorgehen für die Entwicklung und frühzeitige Validierung maschineller Lernverfahren in Fertigungsanlagen hergeleitet. Hierbei werden die notwendigen Bedingungen für eine erfolgreiche Industrialisierung maschineller Lernverfahren anhand der Unsicherheitsquantifizierung abgeleitet und Methoden zur gezielten Evaluierung der Industrialisierbarkeit definiert.

Theoretische Grundlagen 2

In diesem Kapitel werden zunächst die theoretischen Grundlagen zu maschinellen Lernverfahren erläutert, welche wesentlich für das Verständnis der entwickelten Systematik zur Planung und Entwicklung industrieller maschineller Lernverfahren sind. Hierbei wird neben einer Einführung in die Theorie maschineller Lernverfahren auch auf die Einbringung dieser Verfahren in Fertigungsanlagen, eingegangen. Im Anschluss wird der Stand der Technik zu bestehenden Methoden und Vorgehensweisen zur Durchführung von ML-Projekten in der Produktionstechnik dargestellt und die Forschungslücken abgeleitet.

2.1 Einführung in der Fertigungstechnik und Fertigungsanlagen

In Fertigungsanlagen werden mittels unterschiedlicher Fertigungstechniken Produkte bzw. Werkstücke mit definierten Geometrien und Werkstoffen hergestellt. Die eingesetzten Fertigungsverfahren zur Erzeugung eines Produkts sind entsprechend der DIN 8580 in sechs Hauptgruppen zusammengefasst. In Abbildung 2.1 sind diese sechs Hauptgruppen aus der DIN 8580 mit jeweils zwei Beispielen zu charakteristischen Fertigungsverfahren dargestellt [23, 24].

2.1.1 Fertigungsanlagen

In Fertigungsanlagen werden häufig mehrere Fertigungstechniken zur Herstellung eines Produkts kombiniert. Für jede Fertigungstechnologie gibt es im industriellen Umfeld Fachexperten, welche spezifisch für ein Fertigungsverfahren verantwortlich

J. Voigt, *Beitrag zur Industrialisierung maschineller Lernverfahren in Fertigungsanlagen*, AutoUni – Schriftenreihe 180,
https://doi.org/10.1007/978-3-658-50177-8_2

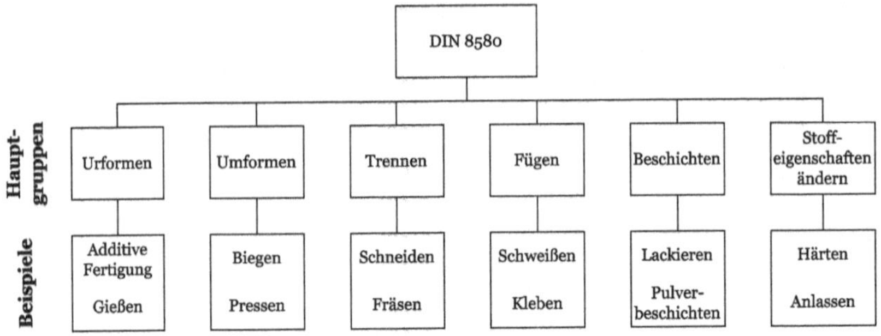

Abbildung 2.1 Einteilung der Fertigungsverfahren nach der DIN 8580 mit jeweils zwei Beispielen. (Nach [23])

sind. In der Wissenschaft gibt für die einzelnen Fertigungsverfahren Fachgruppen und häufig sogar eigene Lehrstühle, um spezifische Fragestellungen zu untersuchen. Anhand der zahlreichen Fertigungstechnologien und die zur Herstellung eines Produkts spezifischen Prozessparameter wird die Komplexität der Anlagenplanung ersichtlich. In Fertigungsanlagen ist neben der Verwendung der jeweils geeigneten Fertigungstechniken zur Herstellung eines Bauteils auch die Prüfung der Bauteile ein wesentlicher Bestandteil. Die Bauteilkontrolle wird in der Regel in eigenen Arbeitsfolgen (AFOs) durchgeführt. Hierbei kommen entweder automatische Prüfsysteme oder auch Menschen für eine manuelle Bauteilkontrolle zum Einsatz. Bei der Herstellung von Produkten ist der wirtschaftliche Betrieb von Fertigungsanlagen relevant. Zur Bestimmung der Produktivität einer Fertigungsanlage ist die maßgebliche betriebswirtschaftliche Kennzahl die Gesamtanlageneffektivität, engl. Overall Equipment Effectiveness (OEE). Die OEE setzt sich aus dem Produkt der Verfügbarkeit (V), des Leistungsgrades (L) und der Qualitätsrate (Q) zusammen und ist definiert durch [24–26]:

$$OEE = V \cdot L \cdot Q \tag{2.1}$$

$$V = \frac{Betriebsdauer}{Geplante\ Betriebsdauer} \tag{2.2}$$

$$L = \frac{Anz.\ produzierter\ Bauteile}{Anz.\ vorgegebene\ Bauteile} \tag{2.3}$$

$$Q = \frac{Anz.\ Bauteile\ i.O.}{Anz.\ produzierter\ Bauteile} \tag{2.4}$$

Anhand der Definitionen zur OEE wird ersichtlich, dass die Verfügbarkeit bei einer Reduzierung der tatsächlichen Betriebsdauer gemindert wird. Solche Minderungen entstehen u. a. bei Maschinenstillstand oder auch aufgrund von Personalmangel. Die Leistungsfähigkeit der Anlage beschreibt das Verhältnis aus der Anzahl produzierter Bauteile zur Anzahl vorgegebenen Bauteilen. Sie kann beispielsweise auch aufgrund von Personalmangel oder einer zu geringen Taktzeit gemindert werden. Wesentlich ist in einer Fertigungsanlage darüber hinaus der Anteil korrekt hergestellter (auch in Ordnung (i.O.))-Bauteile, welche in der Qualitätsrate zusammengefasst werden. Mängel in der Qualität der Bauteile reduzieren die OEE der Fertigungsanlage, da diese nicht verkauft werden können. Entweder müssen nicht in Ordnung (n.i.O.)-Bauteile unter Zeit- und Kosteneinsatz nachgearbeitet werden oder sie stellen Ausschuss dar. Diese Ursachen führen in der Fertigung zu hohen Kosten, wobei die zugrundeliegenden Fehler häufig bereits in der Planung und Entwicklung gemacht wurden. Eine unentdeckte fehlerhafte Planung von Fertigungsanlagen führt mit Projektfortschritt bis hin zur Auslieferung des Produkts zu stark steigenden Kosten, da die Maßnahmen zur Behebung immer teurer werden. Dieser Zusammenhang ist in Abbildung 2.2 schematisch anhand der sog. Zehnerregel der Fehlerkosten (engl. rule of ten) dargestellt [19, 27, 28].

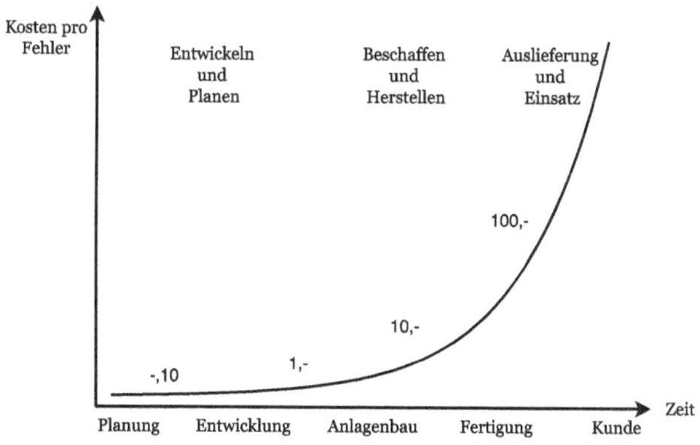

Abbildung 2.2 Schematische Darstellung von der Zehnerregel der Fehlerkosten. (Nach [19])

Zur Prävention des entstehenden wirtschaftlichen und unter Umständen auch sicherheitskritischen Schadens werden Methoden und Strategien zur Fehlervermeidung angewendet. Ein bekanntes Verfahren ist u. a. eine Fehlermöglichkeits- und Einflussanalyse (FMEA), bei der mögliche Fehler frühzeitig erkannt und abgestellt werden sollen [29]. Hierdurch werden im Kontext der Entstehung einer Fertigungsanlage mögliche Fehler in den Prozessschritten aufgezeigt und bewertet. Ein wesentlicher Forschungs- und Entwicklungsbereich auf dem Gebiet der Fertigungstechnik ist die Einbringung von Informationstechnologien zur Digitalisierung von Fertigungsanlagen. Hierdurch sollen zum einen durch den Austausch von Qualitätsdaten zwischen Unternehmen Fehler bei der Herstellung von Produkten frühzeitig erkannt werden und somit insbesondere entstehende Kosten durch Kundenrückrufe o. ä. reduziert werden [30]. Zum anderen soll durch die Erhebung und Auswertung von Anlagendaten die OEE der Fertigungsanlagen erhöht werden [31, 32].

2.1.2 Digitalisierung von Fertigungsanlagen

Die Digitalisierung der industriellen Produktion umfasst eine Vielzahl an unterschiedlichen Tätigkeitsfeldern, welche insbesondere in Deutschland häufig (wenn auch teils kritisch) unter dem Begriff Industrie 4.0 zusammengefasst werden. Verwandte Initiativen aus dem Ausland sind u. a. das Industrial Internet aus den USA und die Industrial Value Chain Initiative in Japan [33–35]. In Abbildung 2.3 sind die vier Phasen der Industrialisierung der Produktion mit einer kurzen Erläuterung der Charakteristika im zeitlichen Verlauf dargestellt. Anhand der Darstellung ist ersichtlich, dass seit dem Ende des 20. Jahrhunderts (Jh.) Informations- und

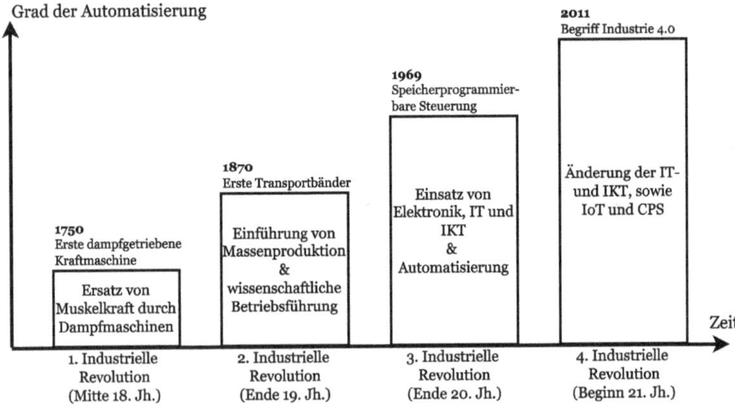

Abbildung 2.3 Schematische Darstellung der vier Phasen der Industrialisierung in einem zeitlichen Verlauf und dem Automatisierungsgrad. (Nach [36])

Kommunikationstechnologien (IKT) zur Digitalisierung der industriellen Produktion verwendet werden und die Automatisierung systematisch durch den Einsatz von Robotern vorangetrieben wird.

In heutigen Fertigungsanlagen existieren somit bereits informationstechnische Infrastrukturen, mit denen Daten über eine Anlage erhoben und Analysen durchgeführt werden können. Bei der weiteren Digitalisierung hin zu einer Industrie 4.0 wird eine große Datenmenge in der Fertigungsanlage erhoben, durch eindeutige Zuordnung (über IP-Adressen) in Netzwerken bereitgestellt und untereinander verbunden werden. Dieser Ansatz ist unter dem Begriff Internet der Dinge (IoT) und Industrielles Internet der Dinge (IIoT) zusammengefasst, anhand dessen eine echtzeitfähige Analyse der Fertigungsanlage und den einzelnen Prozessschritten ermöglicht wird. Beispielsweise können Abweichungen in Sensorsignalen oder eine Störung direkt einer Arbeitsfolge (AFO) zugeordnet werden. In einem weiteren Schritt werden die einzelnen Fertigungstechniken nahtlos mit IT-Systemen kombiniert, wodurch die Fertigungsanlagen überwacht und sogar gesteuert werden sollen. Dieser Verbund wird auch Cyber-Physisches System (CPS) genannt [33, 37]. Aufgrund der Vielzahl an eingesetzter Sensorik und der teilweise hohen Abtastraten entstehen nach einer gewissen Zeit große Datensätze mit mehreren Millionen einzelnen Daten (Big Data). Durch systematische Datenanalyse sollen Muster in Fertigungsanlagen erkannt und beispielsweise ineffiziente Prozessschritte mit einer zu hohen Taktzeit identifiziert werden. Diese Analyse wird durch Algorithmen und maschinelle Lernverfahren durchgeführt, wobei in der finalen Ausbaustufe auch eine Regelung der Fertigungsanlagen vorgenommen werden soll [4].

Die vollständige Digitalisierung einer Fertigungsanlage nach dem Vorbild von Industrie 4.0 ist mit hohen Investitionskosten verbunden, wobei die reine Digitalisierung von Fertigungsanlagen nicht zwangsläufig zu einer Steigerung der Produktivität führt [38]. Eine Kritik an dem Vorgehen zur Industrie 4.0 ist zudem, dass die Einbringung neuer Technologien in Fertigungsanlagen immer einer betriebswirtschaftlichen Notwendigkeit unterliegt, dies in dem Konzept allerdings nur unzureichend Beachtung findet. Ausschlaggebend für den wirtschaftlichen Nutzen von Maßnahmen zur Digitalisierung von Fertigungsanlagen ist das verfolgen einer konkreten Zielstellung. Dieses kann sich beispielsweise auch auf die Einbringung eines datenbasierten Modells in einer spezifischen AFO beschränken [39, 40]. Unter diesen Voraussetzungen wird in der Anwendung datenbasierter Modellierungen, wie dem maschinellen Lernen, ein großes Potential zur Steigerung der Wertschöpfung der Fertigungstechnik gesehen [41]. Ein zentrales Element ist die Zugänglichkeit zu Prozessdaten und einer entsprechenden IT-Infrastruktur. Insbesondere die Datenanalyse und das Training maschineller Lernverfahren benötigen große Rechenressourcen, die nicht in einer Fertigungsanlage vorgehalten werden. Hierfür eignen sich extern gelagerte Speicher- und Rechenkapazitäten, welche in einer Cloud vorgehalten werden. Für die Anwendung maschineller Lernverfahren in Fertigungsanlagen ist es nicht notwendig, eine Fertigungsanlage vollständig nach dem Vorbild Industrie 4.0 auszustatten. Vielmehr muss für einen spezifischen Anwendungsfall bzw. AFO eine ausreichende Digitalisierung der Fertigungsanlage mit einem Konzept zum Datenhandling vorliegen. Ein Konzept für die Integration eines maschinellen Lernverfahrens in einer spezifischen AFO ist das sog. Edge-Computing. Hierfür ist in Abbildung 2.4 eine vereinfachte Darstellung einer Edge-Cloud-Architektur skizziert [13, 42, 43].

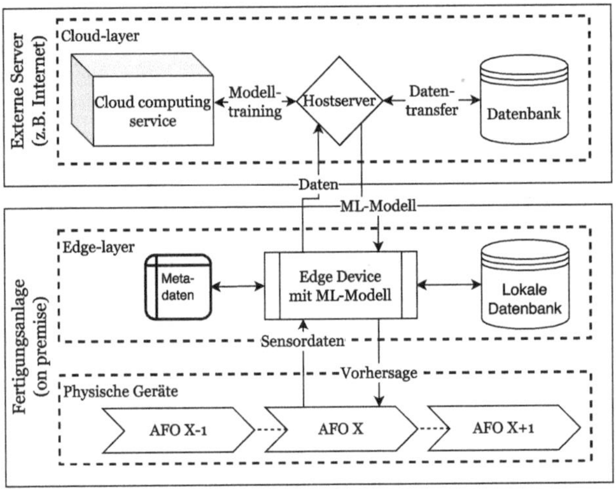

Abbildung 2.4 Vereinfachte Darstellung einer Edge-Cloud-Architektur zur Integration eines ML-Verfahrens in einer AFO einer Fertigungsanlage. (Nach [33, 44])

Bei der Edge-Cloud-Architektur werden in einer ausgewählten AFO die entstehenden Prozessdaten durch Sensoren erfasst und an ein Edge-Device übergeben. Dieser direkte Bereich in der Fertigung wird auch als Shopfloor bezeichnet. In der Trainingsphase eines ML-Modells werden diese Daten in der Regel durch Internetschnittstellen an externe Server (Cloud) weitergeleitet. Die Daten werden in einer Datenbank gespeichert und der entstehende Datensatz zum Training der ML-Modelle verwendet (Cloud computing service). Das Edge-Device nimmt nach Abschluss das trainierte ML-Modell entgegen und führt im normalen Fertigungsbetrieb die Vorhersage (Inferenz) anhand eingehender Sensordaten aus. Dabei gibt es die Möglichkeit, lokal auch kleinere Daten abzuspeichern, beispielsweise zum

Puffern von Daten. Der Vorteil bei dieser Architektur ist die Unabhängigkeit der Fertigungsanlage von einem Internetzugang während des normalen Fertigungsbetriebs. Durch eine kontinuierliche Datenspeicherung kann nach einer gewissen Laufzeit ein Nachtraining der Modelle in der Cloud durchgeführt werden. Diese muss nur bei einem erneuten Modelltraining oder dem Abspeichern großer Datenmengen vorliegen. Hinter den einzelnen Schritten stehen umfangreiche Arbeitsaufwände und eine Vielzahl an Forschungsfragen, beispielsweise im Bereich der IT-Sicherheit, der Modellbildung oder auch der Optimierung der Schnittstellen. Somit sind Projekte im Bereich des maschinellen Lernens und Data Minings aufgrund ihres hohen interdisziplinären Charakters äußerst komplex. Deshalb existieren spezifische Prozessmodelle zur Durchführung von ML-Projekten [33, 42, 44, 45].

2.2 Maschinelle Lernverfahren

Bei maschinellen Lernverfahren handelt es sich um datenbasierte Modelle, welche ohne manuelle Programmierung von Regeln Lösungen für eine spezifische Problemstellung finden. Im Gegensatz dazu stehen regelbasierte Programme, bei denen durch Menschen eindeutige Regeln beispielsweise zur Klassifikation eines Bildes definiert und programmiert werden. In Abbildung 2.5 ist zunächst der Unterschied zwischen einem regelbasierten System zur Klassifikation und einem maschinellen Lernverfahren dargestellt [46, 47].

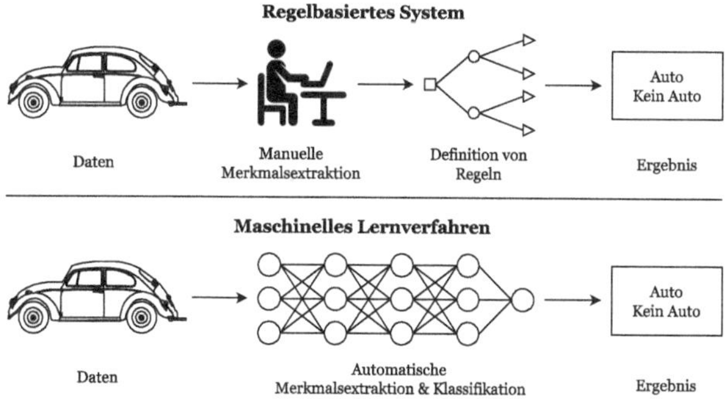

Abbildung 2.5 Darstellung des Unterschieds zwischen einem regelbasierten System und einem ML-Verfahren zur Klassifikation eines Bildes. (Nach [47])

Bei der Modellierung mittels maschineller Lernverfahren gibt es drei wesentliche Aufgaben, welche in Abbildung 2.6 dargestellt sind. Hierbei sind zunächst Regressionsaufgaben zu nennen, bei denen ML-Modelle kontinuierliche, numerische Werte vorhersagen (vgl. Abbildung 2.6 (a)). Des Weiteren können ML-Modelle zur Klassifikation, also dem zuordnen von Daten zu Klassen bzw. Kategorien, eingesetzt werden (vgl. Abbildung 2.6 (b)). Insbesondere in den letzten Jahren ist zudem die Erzeugung von neuen Daten und Inhalten ein weiteres Anwendungsgebiet von maschinellen Lernverfahren, wobei diese als generatives maschinelles Lernen bezeichnet werden (vgl. Abbildung 2.6 (c)). Eine Variante bildet die Erzeugung neuer Bilder, wobei als Eingangsdaten für ein neuronales Netz zufällig ausgewählte Daten aus einem Vektorraum dienen. Anhand dieser Daten wird durch ein neuronales Netz ein Bild ähnlich einem Trainingsdatensatz generiert. Der beschriebene Ansatz findet u. a. bei Generative Adversarial Networks (GANs) oder auch Variational Autoencodern (VAEn) Anwendung [8, 48, 49].

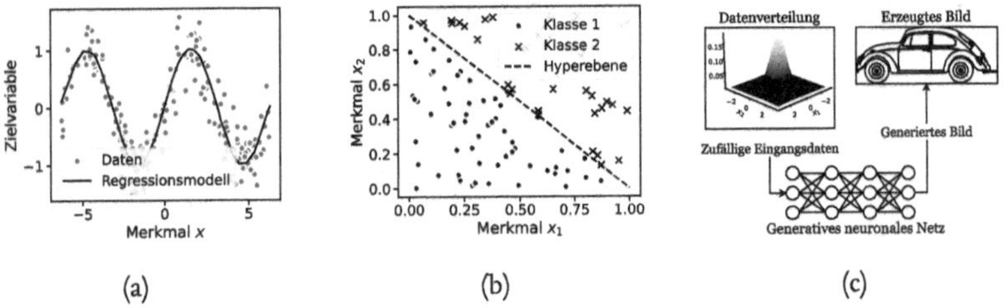

Abbildung 2.6 In (a) ist ein Regressionsmodell dargestellt, in (b) ein binäres Klassifikationsmodell und in (c) das Prinzip eines generativen ML-Modells

Im Nachfolgenden wird in die Theorie maschineller Lernverfahren eingeführt, wobei der Fokus der Erläuterungen aufgrund ihrer herausragenden Bedeutung auf neuronale Netze gelegt wird. Entsprechend dem universellen Approximationstheorem können neuronale Netze mit mindestens einer Zwischenschicht jede stetige Funktion annähern, weshalb sie das vielversprechendste und in der Anwendung erfolgreichste ML-Verfahren darstellen. Wenn nicht anders spezifiziert, wird in diesem Kapitel von einem Multi-Layer Perceptron (MLP) ausgegangen, was ein neuronales Netz mit mindestens drei Schichten von Neuronen und einer nicht-linearen Aktivierungsfunktion beschreibt [8, 9, 50].

2.2.1 Einteilung maschineller Lernverfahren

Maschinelle Lernverfahren werden in der Regel in drei unterschiedliche Varianten unterteilt. Diese sind das überwachte Lernen (engl. Supervised Learning), das unüberwachte Lernen (engl. Unsupervised Learning) und das verstärkende Lernen (engl. Reinforcement Learning). Der wesentliche Unterschied zwischen den beiden ersten Varianten liegt in dem zugrundeliegenden Datensatz. Beim überwachten Verfahren ist die Zielgröße (auch Annotation/Label) zu den Eingangsdaten vorgegeben. Beim unüberwachten Verfahren sind nur Eingangsdaten ohne den Zielwert vorhanden. Es gibt zudem spezifische maschinelle Lernverfahren für die jeweiligen Varianten, wie beispielsweise klassifizierende neuronale Netze und Support Vector Machine (SVM) für überwachtes Lernen oder Cluster-Algorithmen und Autoencoder für unüberwachtes Lernen. Bei den neuronalen Netzen werden in der Regel spezifische Modellarchitekturen mit einer Anpassung der Kostenfunktion sowohl für überwachtes als auch das unüberwachte Lernen verwendet [8, 9]. Im nachfolgenden wird auf die drei Varianten eingegangen.

Überwachte maschinelle Lernverfahren

Beim überwachten Lernen stehen dem Modell während des Trainings ein Datensatz (D) mit Eingangsdaten (x) und dazugehörigen Annotationen/Labels (y) zur Verfügung:

$$D := \{(x_1, y_1), \ldots, (x_n, y_n)\} \subset X, Y \tag{2.5}$$

Dabei ist X der Merkmalsraum (auch Instanzraum) und Y der Abbildungsbereich der Labels. Beim Training ist das Ziel eine Funktion ($f(x; \theta)$) zu bestimmen, welche die Abweichung zwischen der Ausgabe $\hat{y}$ und der Annotation (y) durch die Parameter θ minimiert [7]. In der Regel wird beim Training maschineller Lernverfahren die Maximum-Likelihood-Methode verwendet, bei der Parameter einer Funktion dahingehend optimiert werden, einer Stichprobe optimal zu entsprechen. Dies wird anhand der Kreuzentropie zwischen den Trainingsdaten und den Modellvorhersagen ausgedrückt, womit die Kostenfunktion ($L(\theta)$) definiert wird durch [9]:

$$L(\theta) = -E_{x,y \approx \tilde{P}_{data}} log p_{model}(y \mid x) \tag{2.6}$$

Die spezifische Verlustfunktion variiert je nach Modell, wobei die Trainingsdaten als repräsentativ für die Grundgesamtheit angenommen werden. Eine häufig genutzte Kostenfunktion ist die mittlere quadratische Abweichung (MSE, engl. Mean Squared Error), bei der die Diskrepanz zwischen der Ausgabe des ML-Modells und der vorgegebenen Annotation bestimmt wird:

$$L = \frac{1}{2} \sum_{n=0}^{N} (y - \hat{y})^2 \tag{2.7}$$

Beim Training neuronaler Netze wird diese Verlustfunktion stückweise in den einzelnen Trainingsepochen minimiert, wobei dieses durch Backpropagation (dt. Fehlerrückführung) und Stochastic Gradient Descent (SGD, dt. stochastischer Gradientenabstieg) durchgeführt wird. Bei einer Trainingsepoche wird zunächst eine Vorhersage durch das ML-Modell vorgenommen, welches durch seine Parameter (θ) definiert ist. Zu Beginn sind die Modellparameter zufällig initiiert, weshalb die erste Trainingsepoche ebenfalls zu einer zufälligen Ausgabe führt. Im Anschluss wird die Ausgabe mit der tatsächlichen Annotation verglichen und die Abweichung anhand der definierten Verlustfunktion berechnet. Dieser Fehler wird durch Bildung der partiellen Ableitung von der Kostenfunktion zu den einzelnen Parametern des Modells anteilig zugeordnet und die Parameter anhand ihres anteiligen Fehlers angepasst. Bei dem Verfahren werden also die Gradienten mittels Bildung des Differentials gebildet und entgegen der Steigung der partiellen Gradienten die Funktionsparameter angepasst, weshalb dieser Prozess Gradient Descent genannt wird [51, 52]. Die entsprechende mathematische Formulierung lautet [9]:

$$\nabla_\theta J(\theta) = \frac{1}{m} \sum_{i=1}^{m} \nabla_\theta L(x^{(i)}, y^{(i)}, \theta) \tag{2.8}$$

Anhand der zunächst mathematischen Beschreibung mittels der Beschreibung des Prinzips der Maximum-Likelihood wird in diesem Abschnitt der statistische Charakter maschineller Lernverfahren ersichtlich. Das wesentliche Ziel beim Training maschineller Lernverfahren ist die Bestimmung einer generalisierenden Funktion für eine spezifische Problemstellung. Die grundlegende Basis zum Erreichen dieses Ziels bildet entsprechend dieser zunächst abstrakten Herleitung der Datensatz. Insbesondere in industriellen Anwendungen maschineller Lernverfahren stellt die Schaffung einer ausreichenden Datenbasis eine große Herausforderung dar [20, 21,

53]. Je nach Situation können auch Datensätze ohne Annotationen vorliegen, wie es im nachfolgenden Abschnitt dargestellt ist.

Unüberwachte maschinelle Lernverfahren

Beim unüberwachten maschinellen Lernen stehen dem Modell während des Trainings ein Datensatz (D) ausschließlich bestehend aus Eingangsdaten (x) des Merkmalsraum (X) zur Verfügung:

$$D := \{(x_1), \ldots, (x_n)\} \subset X \tag{2.9}$$

Unüberwachte maschinelle Lernverfahren werden meist zur Detektion von Mustern und zur Bestimmung zugrundeliegender Datenverteilungen und Beziehungen zwischen einzelnen Daten eingesetzt, welche sich signifikant vom Rauschen in Datensignalen unterscheiden. In Abbildung 2.7 (a) ist beispielhaft ein entsprechender Datensatz visualisiert. Durch die Anwendung von ML-Modellen werden Annahmen über die Zusammenhänge in einem Datensatz getroffen, ohne Kenntnis über den tatsächlichen Zusammenhang zu besitzen [9, 54]. Ein häufig verwendetes unüberwachtes ML-Verfahren zur Bestimmung von Zugehörigkeiten in einem Datensatz sind Clusteralgorithmen. Die Ergebnisse eines K-Means-Clusteralgorithmus sind in Abbildung 2.7 (b) dargestellt. Der Algorithmus minimiert den Abstand zwischen einer manuell vorgegebenen Anzahl sog. Zentroiden (= Anzahl Cluster) und den

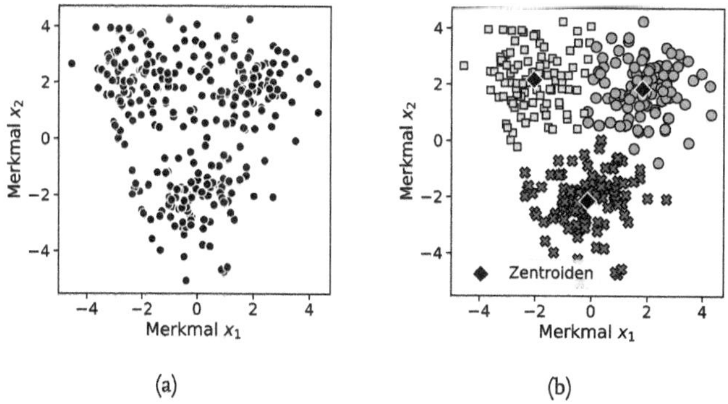

Abbildung 2.7 In (a) ist ein exemplarischer Datensatz aus dem Bereich des unüberwachten maschinellen Lernens dargestellt und in (b) die Ergebnisse des K-Means-Algorithmus zur Bestimmung von Zugehörigkeiten der Daten anhand der Abstände zum Zentroiden

Datenpunkten, wobei anhand des Abstands zwischen Datenpunkten und Zentroiden die Zugehörigkeit der Daten zu den Clustern bestimmt wird [55].

Weitere Anwendungsbereiche unüberwachter maschineller Lernverfahren sind die Dimensionsreduktion von Datensätzen oder der Detektion von Anomalien [8, 54, 56]. Eine charakteristische Architektur eines unüberwachten neuronalen Netzes zur Erfüllung dieser Aufgaben stellt die Klasse der Autoencoder (AE) dar, wobei der Aufbau mit den wesentlichen Komponenten in Abbildung 2.8 dargestellt ist.

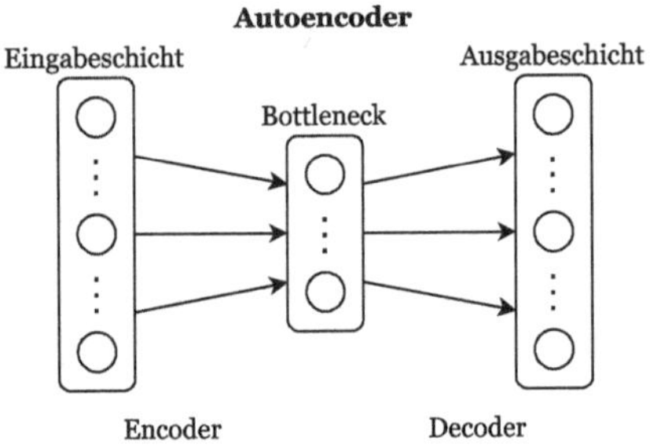

Abbildung 2.8 Schematische Darstellung eines Autoencoders mit der Eingangsschicht, dem Bottleneck als mittlere Schicht der Neuronen und der Ausgabeschicht des Modells

Die Eingangsdaten werden zunächst durch den Encoder in einen latenten Raum mit einer geringeren Dimension als die Eingangsdaten repräsentiert. Dieser latente Raum wird häufig als Bottleneck bezeichnet und stellt im mathematischen Sinne ein Embedding der Eingangsdaten dar. Im Anschluss wird durch den Decoder eine Funktion gefunden, welche aus den Daten im Bottleneck die Eingangsdaten wieder rekonstruieren kann. Die Kostenfunktion in Form des MSE für einen einfachen Autoencoder ist entsprechend der Rekonstruktionsfehler (L_{Rek}), d. h. die Abweichung zwischen Eingangsdaten (x) und rekonstruierten Daten ($\hat{x}$), definiert durch [57]:

$$L_{Rek}(X, \hat{X}) = \frac{1}{2} \sum_{n=1}^{N} (x_i - \hat{x_i})^2 \tag{2.10}$$

Klar ersichtlich ist hierdurch, dass das neuronale Netz eine Funktion mit größtmöglichen Informationserhalt in dem Bottleneck während des Trainings erlernt und somit zur Dimensionsreduktion eingesetzt werden kann. Heutzutage bilden Varianten von

Autoencodern wesentliche Modellbestandteile in einer Vielzahl von Modelltypen [57]. In industriellen Anwendungen werden AE u. a. zur Erkennung von Produktionsfehlern in der Anomaliedetektion eingesetzt [58, 59]. Zudem dienen die Modelle zur Reduktion von Rauschen in Bildern und erhöhen somit die Genauigkeit von ML-Modellen bei der Bildverarbeitung [60, 61].

Verstärkende maschinelle Lernverfahren

Beim verstärkenden Lernen, engl. Reinforcement learning (RL) ist das Ziel des Modells, Aktionen angepasst an unterschiedliche Situationen in einer Umgebung durchzuführen. In Abbildung 2.9 sind die einzelnen Bestandteile zum Training eines verstärkenden ML-Verfahrens abgebildet. Der Agent ist meist ein neuronales Netz, welches als Eingangsdaten eine bestimmte Situation beschreibt [62]. Beim Training erfasst der Agent eine bestimmte Situation aus der Umgebung und schlägt eine Aktion zur Durchführung in der Umgebung vor. Im Anschluss wird der entstehende Status in der Umgebung interpretiert und bewertet. Der Status und die Bewertung (auch Belohnung) wird an den Agenten zurückgegeben, wobei dieser das Ziel hat, eine möglichst positive Bewertung zu erhalten. Im mathematischen Sinn handelt es sich dementsprechend um eine Optimierung einer Funktion, wie es bereits aus den vorangegangenen Abschnitten ersichtlich wird. Ein anschauliches Beispiel bietet Schach, bei dem der Agent als Eingangsdaten die Positionen aller Spielfiguren entgegennimmt und im Anschluss eine Spielfigur entsprechend den Regeln bewegt. Die Bewertung findet anhand des Ausgangs des Spiels statt, wodurch der Agent iterativ die Spielweise optimiert. Mittels verstärkenden Lernens konnten bei komplexen Spielen wie Schach oder Go professionelle Spieler in Wettbewerben besiegt werden [63].

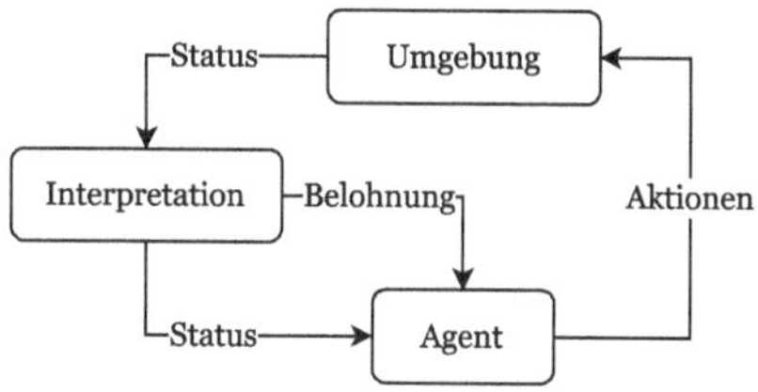

Abbildung 2.9 Darstellung des verstärkendes Lernens mit den Komponenten zum Training

Auf der Grundlage dieser Ergebnisse in komplexen Spielen ist das verstärkende Lernen zentraler Bestandteil aktueller Forschung im Bereich maschineller Lernverfahren. Anwendungen dieser Methode finden sich beispielsweise beim Training von Chatbots, wobei menschliches Feedback als Belohnungskriterium verwendet wird (engl. Reinforcement Learning by Human Feedback). In der Fertigungstechnik ist ein wesentlicher Schwerpunkt die Entwicklung anpassungsfähiger Roboter an dynamische Umgebungen, wobei verstärkende maschinelle Lernverfahren als eine Technologie zum Erreichen dieses Ziels angesehen werden. Allerdings gibt es auch Herausforderungen, welche eine Industrialisierung behindern. Hierbei ist zunächst die Trainingsumgebung zu nennen, welche bei den erfolgreichen Anwendungsgebieten (u. a. Schachspiel) deterministischen Regeln unterliegt und auch eine eindeutige Bewertung der Aktionen möglich ist. In Anwendungen aus der Fertigungstechnik ist zunächst das Training von RL-Agenten eine Herausforderung, da hierfür eine repräsentative Datenbasis für eine Problemstellung mit der entsprechenden Variantenvielfalt benötigt wird und diese nur unter großem Aufwand generiert werden kann. Bei unzureichendem Training können RL-Agenten unvorhersehbare Aktionen durchführen, was in realen Situationen nicht akzeptabel ist. Eine Möglichkeit zur Lösung des realen Trainingsansatzes stellen virtuelle Umgebungen dar, wodurch eine große Variantenvielfalt in kurzer Zeit nachgebildet werden kann. Allerdings ist die Übertragung der erlernten Strategien durch den RL-Agenten in die Realität eine Herausforderung, da in den Simulationen die Modellierung aller physikalischen Vorgänge häufig nicht gelingt und somit eine Lücke zwischen Simulationsumgebungen und der Realität entsteht (sog. Sim2Real-Gap) [64, 65].

2.2.2 Charakteristische Datentypen und Modellarchitekturen

Die Grundlage für die Anwendung maschineller Lernverfahren bilden Daten, welche folgend einer statistischen Betrachtungsweise in die drei Varianten nominal, ordinal und metrisch unterschieden werden. Bei der Bewertung von Bauteilen werden in der Regel zunächst metrische Sensorsignale ausgewertet und anschließend eine binäre Klassifikation durchgeführt. Bei den Sensorsignalen treten drei Varianten zur Bewertung der Bauteile gehäuft auf. Beim ersten Typ handelt es sich um die Erfassung einzelner Sensorwerte, worunter auch Bool'sche Werte fallen. Ein anschauliches Beispiel hierfür ist die Bestimmung der Länge eines Bauteils in der Fertigung. Entsprechend geeignete ML-Modelle zur Verarbeitung solcher Daten sind u. a. Entscheidungsbäume, SVMs oder MLPs. Eine weitere Variante stellen Zeitreihen von Sensordaten dar, bei denen über einen gewissen Zeitraum eine Variable immer wieder erfasst wird. In der Fertigungstechnik entstehen Zeitreihendaten beispielsweise bei der Prozessüberwachung von Laserschweißprozessen, wobei die Modellbildung zur Berücksichtigung von Korrelationen eine eigene Forschungsrichtung im Bereich des maschinellen Lernens darstellt. Im Bereich des Deep Learning werden zeitliche

Effekte häufig durch Rekurrentes neuronales Netz, engl. Recurrent neural networks (RNNs) modelliert. Dabei werden zur Vorhersage zukünftiger Zeitschritte $(t + 1)$ dem Modell neben den Eingangsdaten zum Zeitpunkt (t) auch Informationen aus vorangegangenen Schritten $(t - 1)$ zur Verfügung gestellt [8, 66].

Eine relevante Methode zur Qualitätssicherung basiert auf der Auswertung von Bilddaten und Höhendaten, wobei die Informationen bei beiden Datentypen in Matrizen bzw. Tensoren abgespeichert sind. In Abbildung 2.10 sind die wesentlichen Varianten von Bildern dargestellt, wobei diese zudem in der vorliegenden Dissertation in den jeweiligen Kapiteln ausgewertet werden. Das links dargestellte Graustufenbild ist durch die Anzahl an Pixeln (n, m) in der 2-dimensionalen Anordnung charakterisiert und besitzt in der Regel einen Darstellungsraum von 256 Graustufenwerten pro Pixel (Px). Ein Farbbild wird herkömmlicherweise durch die Farben Rot-Grün-Blau (RGB) gebildet, wobei die jeweilige Intensität einer Farbe in dem entsprechenden Kanal (c, engl. Channels) kodiert wird. Bei der Bildung eines Bildstapels werden mehrere Graustufen- bzw. Farbbilder hintereinander angeordnet, wobei ein Bildstapel unter der Prämisse eines Zusammenhangs der einzelnen Bilder einem Video mit der Anzahl von J Bildern (engl. Frames) entspricht [67].

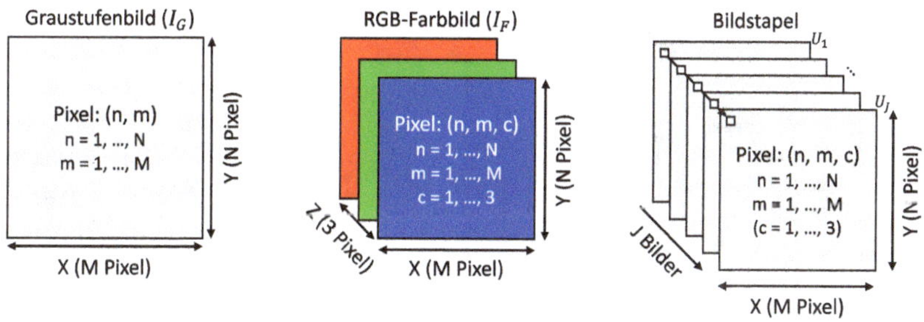

Abbildung 2.10 Zur Veranschaulichung sind die in dieser Dissertation verwendeten Bildarten Graustufenbild, RGB-Farbbild und Bildstapel mit ihren jeweiligen Dimensionen dargestellt

Die Logik in Bilddaten entsteht durch den Zusammenhang benachbarter Px, welche bei der Modellbildung berücksichtigt werden müssen. Die Bildverarbeitung stellt eines der erfolgreichsten Anwendungsgebiete von Deep Learning dar [68]. Ein bekanntes Beispiel hierfür ist die Steigerung der Genauigkeit bei der Bildklassifikation im sogenannten ImageNet-Wettbewerb um über 50 % im Vergleich zu regelbasierten Algorithmen durch das sogenannte AlexNet im Jahr 2012 [69]. Bei dem Wettbewerb werden Algorithmen hinsichtlich der korrekten Vorhersage von

Klassenzugehörigkeiten von Bildern anhand eines großen Datensatzes miteinander verglichen. Alle nachfolgenden Rekorde in diesem Wettbewerb wurden ausschließlich mittels Deep Learning Modellen erreicht. Die zugrundeliegenden Modelltypen für diese Erfolge sind faltende neuronale Netze, engl. Convolutional Neural Networks (CNNs), bei denen trainierbare Filter (oder Kerne) über die Bilder bewegt werden und aus den Informationen der Pixelanordnung sogenannten Feature Maps bilden. Im Anschluss an die Bildung der Feature Maps, welche die Merkmale für die zugrundeliegende Aufgabe enthalten, folgt eine Pooling, bei der die Merkmale zusammengefasst werden. Dieser Prozess wird mehrfach wiederholt und auf diese Weise die Bildinformationen immer stärker komprimiert und effizienter in den latenten Räumen bzw. einzelnen Schichten des neuronalen Netzes repräsentiert. Bei einer Klassifikation wird diese Repräsentation durch eine Matrixtransformation zu einer normalen MLP-Schicht. Dieser Teil des neuronalen Netzes wird auch Klassifikationskopf genannt, da nun anhand der Repräsentation eine Klassifikation durchgeführt wird. Im mathematischen Sinne handelt es sich bei diesem Prozess um eine Faltung (engl. Convolution), wodurch die Bezeichnung CNN erklärt wird. In Abbildung 2.11 ist ein CNN mit einer schematischen Darstellung der Wirkungsmechanismen der Filter zur Erzeugung der Merkmale und dem Teil des MLPs nach dem Umformen des mehrdimensionalen Arrays in einen eindimensionalen Vektor (Flatten) zur Klassifikation dargestellt [66, 70].

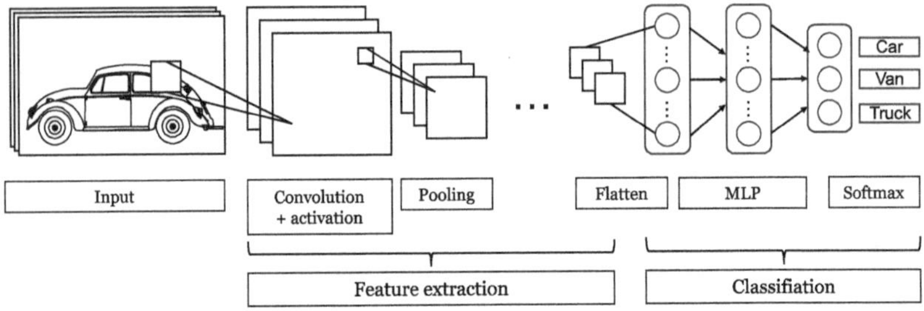

Abbildung 2.11 Darstellung eines Convolutional Neural Network mit dem ersten Teil zur Erzeugung der Feature Maps anhand von Filtern und eines (optionalen) MLPs-Anteils zur Klassifikation

2.3 Maschinelle Lernverfahren in der Fertigung

Maschinelle Lernverfahren werden in Fertigungsanlagen insbesondere zur Erhöhung der Produktivität und Anlagen-OEE, sowie zur Steigerung der Qualität und Ressourceneffizienz eingesetzt. Dies wird durch die Verwendung maschineller Lernverfahren in spezifische Anwendungen erreicht. Eine Übersicht zu den wesentlichen Zielstellungen und spezifischen Anwendungsbereichen für maschinelle Lernverfahren in der Fertigung sind in Abbildung 2.12 dargestellt.

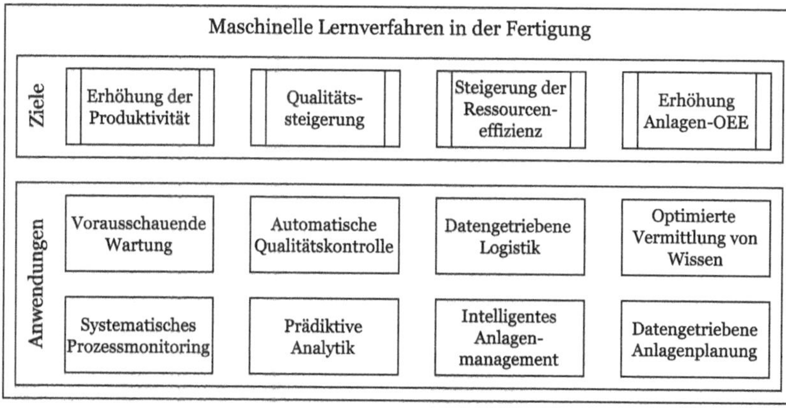

Abbildung 2.12 Darstellung zu beschriebenen Zielen und spezifischen Anwendungsbereichen von maschinellen Lernverfahren in der Produktion

Einer der bekanntesten Anwendungsbereiche für maschinelles Lernen in der Fertigung ist die vorausschauende Wartung von Anlagen (engl. Predictive Maintenance), welche in einer Vielzahl von Publikationen beschrieben wird [71–73]. Hierbei werden Zustandsdaten von Produktionsmaschinen erhoben und analysiert, um dadurch beispielsweise den Ausfall von Verschleißbauteilen in einer Maschine zu prognostizieren und somit einen unerwarteten Stillstand zu vermeiden. Eine damit verwandte Anwendung ist das Prozessmonitoring, bei dem Prozessdaten systematisch ausgewertet und analysiert werden. Dies kann zu einer Erhöhung des Prozessverständnisses und zur Detektion von Prozessfehlern verwendet werden. Hierdurch können beispielsweise bisher unbekannte Ursachen für Effizienzverluste erkannt werden. In beiden Anwendungsgebieten bilden häufig unüberwachte maschinelle Lernverfahren einen ersten Ansatz zur Auswertung der Daten, da hiermit bisher unbekannte Anomalien und Datensignaturen detektiert werden können

[74–76]. Bei der Automatisierung von Qualitätskontrollen durch maschinelle Lernverfahren kann die Produktivität der Anlage aufgrund eines reduzierten Personalbedarfs gesteigert werden und zeitgleich eine gleichbleibende Defekterkennung zur Steigerung der Qualität erreicht werden. Durch Methoden der prädiktiven Analytik werden Ausschussraten reduziert, da anhand von Prozessbedingungen eine Vorhersage auf die Bauteilqualität getätigt wird. Dadurch können frühzeitig Maßnahmen, wie eine erneute Parametrisierung, zur Reduktion der Ausschussquote von Bauteilen getroffen werden [77, 78]. Im Weiteren kann durch die Auswertung von Daten ein intelligentes Management einer Fertigungsanlage durchgeführt werden, wie es beispielsweise durch die Steuerung von Medien (u. a. Druckluft) in mehreren Studien gezeigt wurde [79–81]. Aufgrund der aktuellen Entwicklungen im Bereich generativer maschineller Lernverfahren und virtueller Realität gibt es auch Anwendungen zur effizienteren Anleitung und zum Wissenstransfer von Mitarbeitern, wodurch effizientere Instandhaltung und Reparaturarbeiten gewährleistet werden [82]. Zur Modellierung von Anlagen und Prozessen, sowie bei der Konstruktion von Bauteilen wird zunehmend auch der Einsatz maschineller Lernverfahren untersucht. Eine Herausforderung hierbei ist allerdings der stochastische Charakter von ML-Verfahren, wobei ein ML-Modell nicht zwangsläufig konsistent mit physikalischen Gesetzen ist. Ein möglicher Lösungsansatz ist die Einbringung der zugrundeliegenden Differentialgleichungen in die Verlustfunktion des sogenannten physikbasierten neuronalen Netzes (PINN, engl. Physics Informed Neural Networks) [83, 84]. Eine weitere Variante kann die Anpassung der Modellarchitektur sein, wie beispielsweise neuronale Graphennetzwerke, mit denen materialwissenschaftliche/chemische Zusammenhänge und die Verkettungen in Fertigungsanlagen modelliert werden können [85, 86]. Bei der automatischen Qualitätssicherung (QS) werden in der Regel überwachte ML-Verfahren zur Bewertung von Bauteilen verwendet, wodurch eine Steigerung der Qualität von Bauteilen erreicht wird. Ein weiteres wirtschaftliches Potential liegt bei diesem Anwendungsbereich in der Erhöhung des Automatisierungsgrades der Anlage durch die Einsparung manueller Sichtprüfer in der Fertigungsanlage. Im nachfolgenden Abschnitt wird auf die Evaluierung von maschinellen Lernverfahren bei einer QS und auf die manuelle Sichtprüfung eingegangen, die einen Schwerpunkt in dieser Dissertation darstellen.

2.3.1 Metriken zur Bewertung klassifizierender Verfahren

Eine anschauliche Darstellung von binären (z. B. i.O./n.i.O.-Bauteile) und multivariaten Klassifikationsergebnissen stellt die Konfusionsmatrix dar, welche in der Tabelle 2.1 dargestellt ist. In dieser Darstellung stellt die Bewertung „Richtig

Tabelle 2.1 Darstellung einer Konfusionsmatrix zur Beurteilung eines binären Klassifikators

		Modellvorhersage		
		p′	**n′**	**Gesamt**
Grund-wahrheit	**p**	Richtig positiv	Falsch positiv	P
	n	Falsch negativ	Richtig negativ	N
Gesamt		P′	N′	

positiv“ ein durch das Modell korrekt klassifiziertes i.O.-Bauteil dar. Der „Richtig negativ“-Fall entspricht einem durch ein Modell korrekt als n.i.O. klassifiziertes Bauteile. Der „Falsch positiv“-Fall ist ein Pseudofehler oder auch falscher Alarm, bei dem ein Modell fälschlicherweise einen Defekt bei einem i.O.-Bauteil erkennt. Dieser Fall ist bei Fertigungsanlagen bis zu einem gewissen Anteil zu akzeptieren und stellt eine wesentliche Leistungskennzahl (KPI, engl. Key Performance Indicator) eines automatischen QS-Systems dar. Das Feld zu „Falsch negativen“ Ergebnissen ist ein Schlupffehler, wobei das Modell fälschlicherweise ein n.i.O.-Bauteil als i.O. klassifiziert. Dieser Fall muss in der Fertigungstechnik ausgeschlossen werden, da dieser bei automatisierten QS-Systemen erhebliche Auswirkungen auf die Sicherheit des Endprodukts haben kann und somit auch zu einer juristischen Haftung führen kann [8, 17, 87].

In manuellen Sichtkontrollen können diese Metriken ebenfalls erhoben werden. In Untersuchungen von manuellen Sichtkontrollen konnte gezeigt werden, dass Menschen bis zu 23 % der n.i.O.-Bauteile nicht korrekt identifizieren und eher zu Schlupffehlern neigen als zu Pseudofehlern [88]. Der Schlupffehler wird auch als Recall bezeichnet, wobei es ein wesentliches Ziel beim Einsatz maschineller Lernverfahren ist, einen Wert von annähernd 100 % zu erreichen [89]. Der Pseudofehler wird unter der Bewertungsmetrik Precision angegeben und kann je nach Auslegung der Fertigungslinie in seinem Wert variieren, jedoch mindert jeder Pseudofehler die Ausbringung und damit die Wirtschaftlichkeit der Anlage. Nach der Signalentdeckungstheorie konkurrieren diese beiden Metriken miteinander, können aber in der sog. ROC-Kurve (engl. Receiver Operating Characteristic) erfasst werden. Bei stark unausgeglichenen Daten eignet sich auch die Precision-Recall-Kurve (P-R-Kurve), da die unterrepräsentierte Datenklasse stärker in die Metriken eingeht [8, 90].

Insbesondere beim überwachten maschinellen Lernen werden Annotationen bzw. Bewertungen zu den Daten benötigt, welche in den meisten Fällen durch Menschen vorgenommen werden. Neben dem zeitlichen Aufwand und den daraus folgenden Kosten hat dieser Prozess auch maßgeblichen Einfluss auf das Leistungspotential des eingesetzten maschinellen Lernverfahrens. Die korrekte und konsistente Annotation der Daten ist hierbei von entscheidender Bedeutung für die Performance des Klassifikationsmodells. Dennoch gibt es bei der subjektiven Einteilung von Daten (ohne eindeutige Definitionen) einen gewissen Graubereich in den vergebenen Annotationen (vgl. Abbildung 2.13) [91, 92].

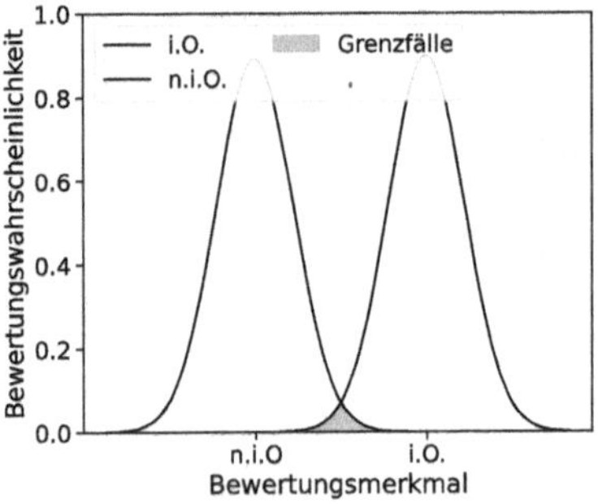

Abbildung 2.13 Darstellung von menschlichen Annotationen bei der Bewertung in i.O./n.i.O.-Bauteil

2.3.2 Prozessmodelle zur Durchführung von ML-Projekten

Zur Durchführung von Projekten im Bereich der Digitalisierung und Datenauswertung gibt es zahlreiche unterschiedliche Prozessmodelle, wobei ein etabliertes und häufig verwendetes Prozessmodell der Cross Industry Standard Process for Data Mining (CRISP-DM) ist. In Abbildung 2.14 sind die sechs Prozessschritte des CRISP-DM mit einer Einteilung der einzelnen Prozessschritte in die Wissenstreppe nach North dargestellt [93–95].

Im ersten Prozessschritt werden die Projektziele definiert und die Auswirkungen auf das Geschäft definiert, wobei zur Evaluierung bereits in dieser Phase die KPIs festgelegt werden. Der zweite Prozessschritt beschreibt die Schaffung eines Datenverständnisses, wobei im ingenieurwissenschaftlichen Umfeld vor allem die erhobenen Daten in einen technischen Zusammenhang gestellt werden. Im Anschluss

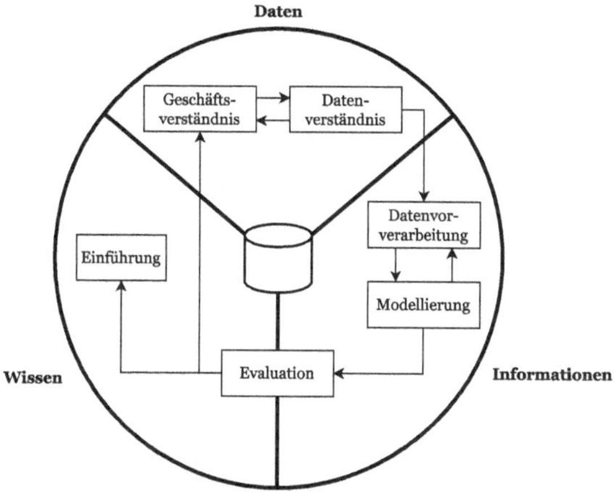

Abbildung 2.14 Darstellung des Ablaufs eines ML-Projekts nach dem CRISP-DM mit einer Einteilung in die Kategorien der North-Wissenstreppe. (Nach [94])

werden Methoden entwickelt, mit denen die Daten für die Aufgabenstellung aufbereitet werden. Die ersten Schritte nehmen einen großen Anteil im zeitlichen Ablauf von ML-Projekten ein, da beispielsweise der Umgang mit fehlenden Werten oder Ausreißern in dem Datensatz geklärt werden muss. Im CRISP-DM ist als vierter Schritt die Modellbildung definiert, wobei anhand der aufbereiteten Daten ein Modell zur Erfüllung der gewünschten Aufgabe trainiert wird. Nach einer Evaluation anhand der definierten KPIs werden entweder die früheren Phasen erneut durchlaufen oder aber es findet die Einführung des ML-Verfahrens statt. Mit der Einführung (engl. Deployment) endet der CRISP-DM [93, 96, 97].

Eine Weiterentwicklung des CRISP-DM mit Einflüssen aus der SCRUM-Methode (agile Softwareentwicklung) stellt das Prozessmodell Team Data Science Process (TDSP) dar, welches durch das Softwareunternehmen Microsoft Corp. entwickelt wurde. Das Framework zur Durchführung von ML-Projekten ist an moderne Entwicklungsumgebungen angepasst und beschreibt im Detail die konkreten IT-technischen Schritte zur Durchführung der Projekte, wie es in Abbildung 2.15 erkennbar ist. Bei der Datenakquise werden neben einem Verständnis für die Daten und den Anwendungsfall im wesentlichen Themen mit Bezug auf die zu verwendende IT-Infrastruktur gelegt, z. B. ob die Daten innerhalb einer Cloud oder in lokalen Rechnern (On-Premise) verarbeitet werden sollen. Bei der Modellbildung werden u. a. Methoden des AutoML und moderne Verfahren zur Evaluierung (z. B. A/B-Test) als zentraler Bestandteil der Entwicklung angesehen. Die genannten

Technologien und Verfahren sind in modernen ML-Projekten zentraler Bestandteil, wobei einige der aufgezählten Methoden bei der Entstehung des CRISP-DM nicht existierten [98, 99].

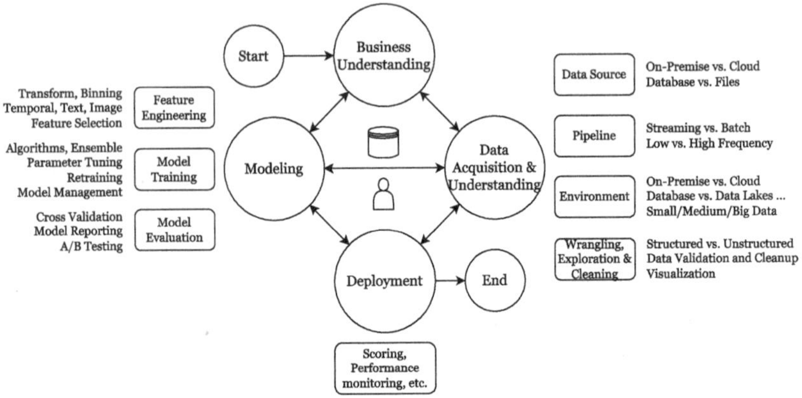

Abbildung 2.15 Darstellung des Ablaufs eines ML-Projekts nach dem TDSP mit Erläuterungen und zu klärender Fragestellung zu den enthaltenen Arbeitsschritten. (Nach [98])

Anwendungsgebiete für maschinelle Lernverfahren in Fertigungsanlagen werden in mehreren Studien bei Aufgaben im Predictive Maintenance (dt. Vorausschauende Instandhaltung) und zur Automatisierung von Prozessschritten genannt. Konkrete Hinweise für eindeutige Anwendungsfälle sind weniger verbreitet und initiale Projektentscheidungen und Bewertungen basieren meist auf Erfahrungswerten. Folgend der Ausführungen von Seifert et al. werden ML-Verfahren insbesondere zur Unterstützung von Menschen, beispielsweise in Roboteranwendungen und bei der Bauteilkontrolle eingesetzt [100]. Zahlreiche dieser Anwendungen werden allerdings auch durch regelbasierte Algorithmen gelöst, weshalb unklar bleibt, unter welchen Umständen ein datengetriebener Ansatz einen tatsächlichen Mehrwert bietet. Durch Glatz et al. werden ML-Verfahren in Anwendungen gesehen, in denen ein großen Domänenwissen benötigt wird [101]. Anhand dieser Ausführung wird erstmals deutlich, dass der große Mehrwert eher in komplexen, nicht eindeutigen Sachverhalten einen Mehrwert bietet. Tatsächlich bieten ML-Modelle in medizinischen Anwendungen einen großen Vorteil bei der Unterstützung von Fachpersonal [102]. In einer solchen Anwendung werden die beiden aufgeführten konkreten Ausführungen zu Anwendungsbereichen erfüllt. Allerdings ist die Wertschöpfung hierbei nicht der Ersatz des Fachpersonals, sondern dient zu einer besseren Diagnose.

Zudem fällt das medizinische Fachpersonal die endgültige Bewertung, weshalb ML-Modelle verwendet werden können, die in seltenen Fällen fehlerhafte Vorhersagen treffen [103, 104]. In der Fertigungstechnik steht bei der Verwendung von Technologien die direkte Wertschöpfung (z. B. Ersatz eines Mitarbeiters) im Vordergrund, weshalb ein wesentlicher Punkt in der frühen Phase von ML-Projekten die wirtschaftliche Bewertung darstellt [105]. In zahlreichen wissenschaftlichen Publikationen werden ML-Modelle zur Qualitätssicherung von Bauteilen dargestellt, dennoch werden weder das Wertschöpfungspotential noch die tatsächlichen technischen Anforderungen für eine Industrialisierung benannt. Eine eindeutige Zielstellung wird bei ML-Projekten aber zwingend benötigt, damit eine eindeutige Validierung vorgenommen werden kann [21, 106].

Forschungsbedarf, Forschungsfragen und methodisches Vorgehen 3

Aus dem vorherigen Kapitel wird die Leistungsfähigkeit maschineller Lernverfahren u. a. auf dem Gebiet der Bildverarbeitung (ImageNet-Wettbewerb [107]) deutlich. Für die Anwendung von ML-Verfahren in der Produktionstechnik gibt es einen starken Anstieg der Anzahl von Publikationen [108] (vgl. Abbildung 3.1 (a)). Dabei werden meist spezifische Lösungen zu einer technischen Herausforderung beschrieben, wie die automatisierte Schweißnahtkontrolle [109] oder die Risserkennung in Bauteilen [14]. Dem entgegen zeigen Studien, dass 15 % bis 25 % der entwickelten ML-Verfahren tatsächlich genutzt bzw. industrialisiert werden [15, 18].

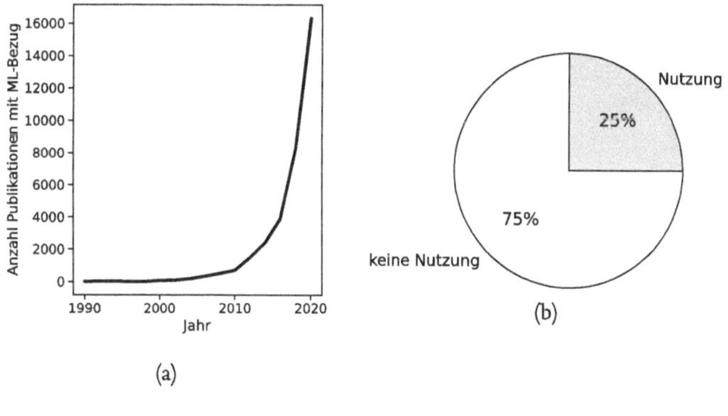

Abbildung 3.1 In (a) ist die Anzahl von Publikationen mit Bezug zu maschinellen Lernverfahren in der Produktionstechnik dargestellt (nach [108]), in (b) ist die Erfolgsquote von ML-Projekten in der Fertigung gezeigt. (Nach [15])

J. Voigt, *Beitrag zur Industrialisierung maschineller Lernverfahren in Fertigungsanlagen*, AutoUni – Schriftenreihe 180,
https://doi.org/10.1007/978-3-658-50177-8_3

3.1 Herleitung des Forschungsbedarfs

Anhand der Quote zur Industrialisierung/Nutzung von ML-Verfahren wird deutlich, dass eine erfolgreiche Studie oder Konzepttauglichkeit, engl. Proof of Concept (PoC) nur in seltenen Fällen zu einer tatsächlichen Integration in eine Fertigungsanlage führt. Der Großteil der Wertschöpfung von ML-Verfahren in Fertigungsanlagen wird allerdings erst nach der Industrialisierung generiert. Unter betriebswirtschaftlichen Aspekten werden ML-Projekten aufgrund der hohen Entwicklungskosten und gleichzeitig geringen Realisierungswahrscheinlichkeit ein hohes Investitionsrisiko zugeschrieben. Dieses liegt beispielsweise deutlich über der Entwicklung regelbasierter Systeme, welche geringere Aufwendungen in der benötigten IT-Infrastruktur und Entwicklungskosten aufweisen. Die wesentlichen Herausforderungen und Ursachen für den Misserfolg von ML-Projekten sind im Folgenden aufgelistet:

- Ungeeignete Projektauswahl [15, 17, 21, 110]
- Datenprobleme (Qualität, Quantität) [17, 20–22, 111]
- Modell erreicht die Performance aus dem PoC nicht in der Fertigungsanlage [22, 53, 111, 112]
- Mangel an Fachkräften mit Expertise in Fertigungstechnik und ML [3, 100]

Eine ungeeignete Projektauswahl beschreibt die Einbringung von maschinellem Lernen in Anwendungen, welche entweder ungeeignet für diese Verfahren sind oder auch durch regelbasierte Verfahren durchgeführt werden können. Ein weiterer Aspekt ist zudem die Auswahl nicht wertschöpfender Anwendungsfälle, wobei ein PoC durchgeführt wird, jedoch der Mehrwert bei einer Industrialisierung nicht gegeben ist. Die nachträgliche Integration maschineller Lernverfahren in bestehende Fertigungsanlagen (sog. Brownfield) ist zudem häufig mit hohen Kosten verbunden, da die notwendige IT-Infrastruktur nachträglich integriert werden muss und bereits getätigte Investitionen in das abzulösende Qualitätskonzept in der Arbeitsfolge obsolet werden. In zahlreichen Publikationen wird als weiterer Grund für die geringe Industrialisierungsquote Datenprobleme beschrieben. Eine unzureichende Datenqualität liegt beispielsweise durch fehlerhafte Annotationen, verzerrte Datensätze (engl. data bias) oder durch ein niedriges Signal-Rausch-Verhältnis (bei seltenen Ereignissen) vor. Zudem sind Verschiebungen von Daten (engl. Distribution Shift) bei der Übertragung von der Entwicklungsumgebung in den Realbetrieb ein häufiger Grund für eine reduzierte Performance von ML-Verfahren [53, 110, 113].

Zum einen können bei einem Datenmangel die vorliegenden Muster in den Daten nur unzureichend durch das ML-Modell erlernt werden. Zum anderen stellen aber auch zu große Datenmengen eine Herausforderung dar, weil in der Fertigungstechnik meist unausgeglichene Datensätze vorliegen und ein großer Datensatz nicht mehr durch Menschen gesichtet und annotiert werden kann. Eine zentrales Problem beim Scheitern von ML-Projekten ist, dass diese Probleme häufig erst in weit fortgeschrittenen Stadien eines ML-Projekts erkannt werden und dadurch sehr hohe Kosten entsprechend der Zehnerregel der Fehlerkosten entstehen (vgl. auch Abschnitt 2.1) [22, 111]. Ein weiterer häufig genannter Grund für ein Misserfolg bei ML-Projekten ist zudem der Mangel an Fachkräften, welche Fachwissen in den beteiligten Fachdisziplinen (Anlagentechnik, zugehöriger Ingenieurstechnik, Data Science) vereinen [3, 100]. Aufgrund dieser Problemstellung werden die gängigsten existierenden Prozessmodelle (CRISP-DM, TDSP) zur Durchführung von ML-Projekten analysiert.

In Tabelle 3.1 ist der aktuelle Stand der Technik zur Adressierung dieser Herausforderungen mittels Harvey-Balls (HBs) dargestellt. Die Einteilung von HBs oder Punktesystemen unterliegt grundsätzlich einer gewissen Subjektivität, weshalb nur drei Kategorien für die HBs (voll, halb/halb, leer) verwendet werden. Die beiden wissenschaftlichen Publikationen von Paleyes et al. [16] und Ashmore et al. [17] fassen den aktuellen Stand der Technik und zahlreiche Forschungslücken zusammen. Zur Reduktion der Subjektivität werden die Ergebnisse dieser Autoren maßgeblichen bei der Bewertung berücksichtigt. Die Einteilung findet nach folgenden Definitionen statt:

- Die volle Ausfüllung der HB wird vergeben, wenn das Kriterium genannt und die Durchführung zum Erreichen des Kriteriums erläutert wird.
- Ein halber HB bedeutet, dass das Kriterium genannt und beschrieben wird, allerdings keine weiteren Erläuterungen zur Erfüllung des Kriteriums vorhanden sind.
- Ein leeres HB bedeutet entweder keine Nennung des Kriteriums oder die einfache Nennung ohne weitere Beschreibungen.

Wie bereits im vorangegangenen Kapitel erläutert, ist der TDSP eine Weiterentwicklung des CRISP-DM und erweitert die teils unzureichende Beschreibung insbesondere im Bereich der Modellbildung und der Modellinbetriebnahme. Wie in der Matrix ersichtlich, werden insbesondere in der Phase der Anlagenintegration höhere

Tabelle 3.1 Gegenüberstellung ausgewählter Prozessmodelle und Forschungsarbeiten für die Durchführung von ML-Projekten in den drei Phasen des Entstehungsprozesses einer Fertigungsanlage

Kriterien	CRISP-DM [93]	TDSP [98, 99]	Data Centric AI [22, 111]	Smart Data [115, 116]
Planungsphase				
Potentialbereiche ML-Modelle	○	◑	◑	◑
Entscheidungskriterien Regelbasiert vs. ML	○	○	○	○
Planung ML-Modell Brownfield	○	◑	◑	◑
Planung ML-Modell Greenfield	○	○	○	○
Entwicklungsphase				
Wissensextraktion	◑	◑	●	●
Sensorauswahl	○	○	◑	◑
Datenqualität	○	○	◑	◑
Notwendige Bedingungen für Industrialisierung	○	○	◑	○
Anlagenintegration				
Datenmanagement	◑	●	◑	◑
Modellbildung	◑	●	◑	◑
Modellbetrieb	◑	●	◑	◑
Modellverifikation	◑	●	◑	●

Metriken für den TDSP im Vergleich zu den restlichen Prozessmodellen erreicht. Dennoch werden in diesen Bereichen zahlreiche Forschungslücken aufgezeigt. Bei der Modellentwicklung werden Herausforderungen im Bereich der Generalisierbarkeit und der Erkennung von Ausreißern genannt. Bei der Modellinbetriebnahme gibt es hinsichtlich der Anforderungen an die Hardware ungeklärte Fragestellungen. Im Bereich des Modellbetriebs sind Forschungslücken bei der Überwachung der Modellperformance und Methoden zur Reduktion der Modelldegradation vorhanden [16, 17]. Die beiden Prozessmodelle beschreiben für die Entwicklungsphase die Notwendigkeit für ein Geschäftsverständnis (engl. Business Understanding) und Datenverständnis, wobei beide Prozessmodelle von einer ausreichenden

Datenqualität in dem bestehenden Datensatz ausgehen. Diese Annahmen in den Prozessmodellen stellt folgend den Ergebnissen einer empirischen Studie von Haakman et al. eine wesentliche Diskrepanz zu realen ML-Projekten dar [114]. In den Prozessmodellen werden keine Metriken zur Bewertung der Datenqualität o. ä. genannt, wobei unzureichende Datenqualität und Quantität einen wesentlichen Grund für einen Misserfolg von ML-Projekten darstellen. Dem Bereich der Wissensextraktion aus den Daten wird durch die Methode Smart Data und insbesondere dem Entwicklungsansatz Data-Centric AI größere Aufmerksamkeit gewidmet. Hierbei werden Verfahren aufgezeigt, wie bei unzureichender Modellperformance vorzugehen ist. Diese Prozessmodelle sind erstmals vorgelagert zu der eigentlichen Durchführung von ML-Projekten und beschreiben ausführlich, dass ein ML-Projekt auch eine explizite Veränderung der Datensätze und Merkmale beinhalten kann [22, 111].

Anhand der HBs wird in der Planungsphase die Kriterien-basierte Entscheidungsgrundlage für die Projektauswahl und insbesondere der bisher unberücksichtigte Bereich der Planung im Greenfield als Forschungslücke identifiziert. Eine mögliche Ursache ist insbesondere im Hinblick auf den etablierten TDSP, dass Technologieunternehmen (hier Microsoft Corp.) großen Einfluss auf die Entwicklungen im ML-Bereich nehmen, allerdings wenig mit Herausforderungen aus dem fertigungstechnischen Kontext vertraut sind. Alle beschriebenen Prozessmodelle gehen bei der Modellbildung grundsätzlich von der Verwendung eines maschinellen Lernverfahrens aus, ohne die Notwendigkeit gegenüber der Verwendung regelbasierter Algorithmen zu evaluieren. Für die Entwicklungsphase zeigt sich, dass die notwendigen Bedingungen für die Datenqualität und Modellbildung unzureichend beschrieben sind. Dies betrifft explizit die frühe Entwicklungsphase. Hierdurch wird die unzureichende erreichbare Performance bei ML-Projekten erst spät erkannt und hohe Projektkosten verursacht [117]. Bei der Anlagenintegration stellen die Bereiche des Übertrags in die Fertigungsumgebung und die Erkennung undefinierter Zustände im Modellbetrieb wesentliche Herausforderungen dar [22]. Der Ansatz Data-Centric AI ist auf der Grundlage empirischer Beobachtungen entstanden, wobei ein mathematisches Fundament mit eindeutigen Bewertungsmetriken nicht beschrieben wird. Für die Herleitung der Systematik zur Entwicklung maschineller Lernverfahren in Kapitel 5 bildet dieser Ansatz einen Ausgangspunkt.

3.2 Forschungsziel und abgeleitete Forschungsfragen

Mit der vorliegenden Dissertation sollen zwei Forschungsziele erreicht werden, wobei der Fokus auf dem Einsatz maschineller Lernverfahren zur Qualitätssicherung in Fertigungsanlagen liegt. Das erste Forschungsziel ist die Schaffung einer

Entscheidungsgrundlage zur Identifizierung geeigneter Anwendungsfälle für maschinelle Lernverfahren in spezifischen Arbeitsfolgen während der Planungsphase einer Fertigungsanlage. Hierdurch sollen für den Einsatz maschineller Lernverfahren geeignete Anwendungsfälle in der Massenproduktion identifiziert und eine falsche Projektauswahl verhindert werden. Die Entscheidungsgrundlage dient insbesondere zur Planung von ML-Verfahren bei noch nicht existierenden Fertigungsanlagen (Greenfield), kann aber auch in bereits bestehenden Fertigungsanlagen (Brownfield) angewendet werden. Das zweite Forschungsziel beschreibt die notwendigen Bedingungen für eine erfolgreiche Industrialisierung und das Vorgehen zur Absicherung dieser in der Entwicklungsphase. Die Beschreibung dieser Bedingungen umfasst neben den ML-Modellen auch die Anforderungen an die erhobenen Datensätze und Datenquellen. Die Gewährleistung dieser notwendigen Bedingungen soll möglichst frühzeitig in der Entwicklungsphase sichergestellt werden, weshalb in dieser Arbeit ein Vorgehen in der frühen Entwicklungsphase definiert wird. Die abgeleiteten Forschungsfragen lauten:

Erste Forschungsfrage
Welche Kriterien können als Entscheidungsgrundlage zur Planung maschineller Lernverfahren für Anwendungsfälle in Fertigungsanlagen genutzt werden?

Zweite Forschungsfrage
Was sind die notwendigen Bedingungen für eine erfolgreiche Industrialisierung maschineller Lernverfahren in Fertigungsanlagen?

Dritte Forschungsfrage
Wie kann in der frühen Entwicklungsphase die Industrialisierung maschineller Lernverfahren evaluiert und abgesichert werden?

Das Ablaufdiagramm in Abbildung 3.2 zeigt die Einordnung dieser Dissertation in den Entstehungsprozesses einer Fertigungsanlage. Der Nachweis über die Wirksamkeit der erarbeiteten Methoden wird anhand von drei Anwendungsbeispielen vorgenommen, bei denen die entwickelten Entscheidungskriterien und die Methoden zur Prüfung der Industrialisierbarkeit validiert werden.

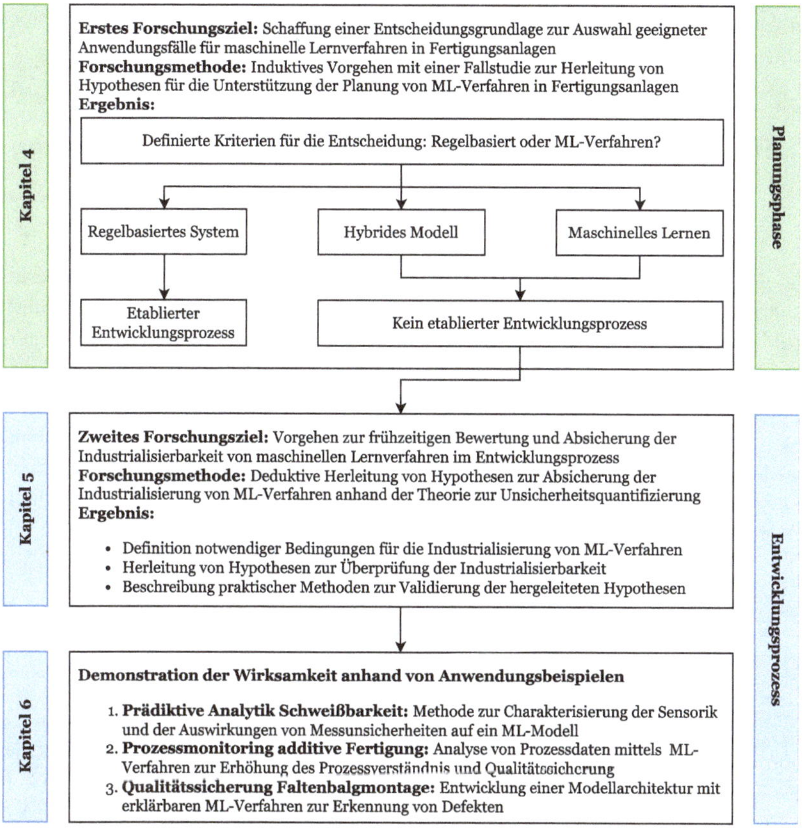

Abbildung 3.2 Übersicht des Ablaufs dieser Dissertation mit der Einordnung in den Entstehungsprozess von Fertigungsanlagen

3.3 Methodisches Vorgehen

Für die Beantwortung der ersten Forschungsfrage wird ein induktives Forschungsdesign angewendet, wobei anhand empirischer Forschung eine Entscheidungsgrundlage zur Unterstützung der Planung von Fertigungsanlagen abgeleitet wird. Die zweite und dritte Forschungsfrage betrifft die Entwicklung von maschinellen Lernverfahren, wobei ein deduktives Forschungsdesign gewählt wurde bei dem aufbauend auf der mathematischen Theorie der Unsicherheitsquantifizierung Hypothesen zu den notwendigen Bedingungen für eine Industrialisierung maschineller Lernverfahren hergeleitet wird.

3.3.1 Vorgehen zur Herleitung einer Entscheidungsgrundlage zur Planung maschineller Lernverfahren in Fertigungsanlagen

Für die Durchführung der empirischen Forschung zur Entwicklung der Entscheidungsgrundlage wird eine Fallstudie nach dem Vorbild von Yin [118] durchgeführt. Hierbei werden insgesamt fünf Arbeitsfolgen zur Qualitätssicherung in drei unterschiedlichen Fertigungsanlagen auf ihre Verfügbarkeit und mögliche Ursachen für einen signifikanten Einfluss auf den Verfügbarkeitsverlust der Fertigungsanlage analysiert. Im Anschluss werden Hypothesen anhand der Interfallstudienanalyse abgeleitet, unter welchen Bedingungen der Einsatz maschineller Lernverfahren einen Vorteil gegenüber regelbasierten Prüfsystemen bietet. Der Ablauf der Fallstudienanalyse ist in Abbildung 3.3 dargestellt.

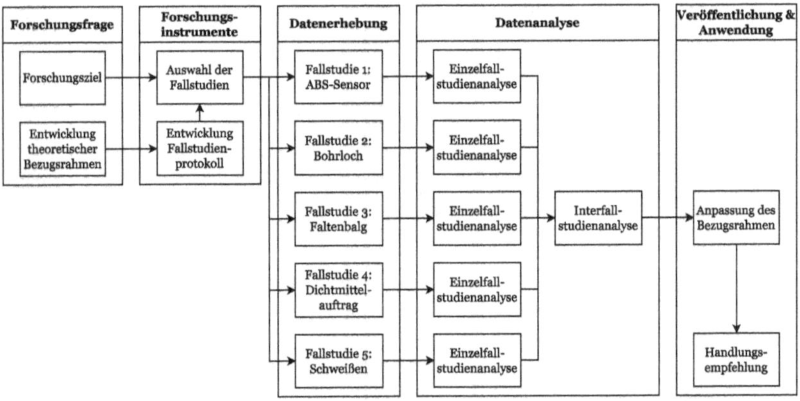

Abbildung 3.3 Ablaufplan der Fallstudie zur Herleitung von Kriterien für eine Entscheidungsgrundlage zur gezielten Planung maschineller Lernverfahren in Fertigungsanlagen. (Nach [118])

3.3.2 Methodisches Vorgehen zur Gewährleistung der notwendigen Bedingungen für die Industrialisierung maschineller Lernverfahren

In der Fertigungstechnik werden zahlreiche projektspezifische Anforderungen an ML-Verfahren gestellt. Die bisherigen Frameworks zur Durchführung von ML-Projekten geben allerdings keine umfassende und einheitliche Beschreibung bzw. Zusammenfassung der notwendigen Bedingungen für eine erfolgreiche Industrialisierung maschineller Lernverfahren. Zur Beantwortung der zweiten Forschungsfrage werden anhand einer Analyse bestehender Fachliteratur die im mathematischen Wortsinn notwendigen Bedingungen für die Industrialisierung von ML-Verfahren zusammengefasst und beschrieben. Die dritte Forschungsfrage wird durch die Herleitung von Hypothesen und der Einführung von Methoden zur Absicherung dieser notwendigen Bedingungen beantwortet. Als Ausgangspunkt dieser Herleitung dient die mathematische Theorie der Unsicherheitsquantifizierung (engl. Uncertainty Quantification). Das Ziel dieser Theorie ist die Quantifizierung von Fehlern und statistischen Unsicherheiten bei der Prädiktion mathematischer Modelle, welche aufgrund von Eingangsparametern und Modellparametern entsteht [119]. Hierdurch wird eine Methode zur frühzeitigen systematischen Erfassung von Fehlern bei der Entwicklung maschineller Lernverfahren in der Produktions- und Fertigungstechnik geschaffen. Durch die Beschreibung der praktisch zu verwendenden Methoden wird dieses zunächst theoretische Framework in den ingenieurtechnischen Bereich übertragen. Die hergeleiteten Hypothesen und das entsprechende praktische Vorgehen wird an drei unterschiedlichen Anwendungsbeispielen von maschinellen Lernverfahren in der Fertigungstechnik validiert.

4 Entscheidungskriterien zur Planung maschineller Lernverfahren in Fertigungsanlagen

Die Planung von Fertigungsanlagen beginnt in der Automobilindustrie rund 52 Monate vor dem geplanten Start der Produktion (SoP, engl. Start of Production). In diesem Zeitraum wird die Anlage als Greenfield bezeichnet und die einzelnen Arbeitsfolgen mit den Fertigungsschritten werden geplant, entwickelt und durch den Anlagenbau umgesetzt. Bei der Planung von Prozessen zur QS besteht die Herausforderung, dass in diesem Stadium keine realen QS-Daten vorliegen und somit eine praktische Erprobung des einzusetzenden ML-Verfahrens unter Fertigungsbedingungen nicht durchgeführt werden kann. Zur Qualitätskontrolle werden bisher meist regelbasierte Systeme eingeplant. Aufgrund der Entwicklungen auf dem Gebiet des maschinellen Lernens sollen in Zukunft aber verstärkt auch ML-Modelle in Fertigungsanlagen eingesetzt werden. Entsprechend der Herleitung in Kapitel 3 existieren bisher allerdings keine Kriterien für die Entscheidung, ob für einen spezifischen QS-Prozess ein regelbasiertes System oder ein ML-Verfahren eingeplant werden soll. In diesem Kapitel wird eine Entscheidungsgrundlage zur Unterstützung des Planungsprozesses maschineller Lernverfahren entwickelt. Hierdurch wird bereits bei der Anlagenplanung eine Einschätzung über die Eignung eines maschinellen Lernverfahren möglich. Zur Herleitung dieser Entscheidungskriterien werden in einem Fallstudien-Design nach Yin [118] Hypothesen abgeleitet, bei welchen Bedingungen in einem QS-Prozess maschinelle Lernverfahren einen Mehrwert bieten.

Ergänzende Information Die elektronische Version dieses Kapitels enthält Zusatzmaterial, auf das über folgenden Link zugegriffen werden kann https://doi.org/10.1007/978-3-658-50177-8_4.

J. Voigt, *Beitrag zur Industrialisierung maschineller Lernverfahren in Fertigungsanlagen*, AutoUni – Schriftenreihe 180,
https://doi.org/10.1007/978-3-658-50177-8_4

4.1 Planung der Fallstudie

Für die Durchführung der Fallstudie müssen zunächst geeignete Arbeitsfolgen (AFO) für die Erhebung und Datenanalyse identifiziert werden. Hierfür werden bestehende Fertigungsanlagen und deren Verfügbarkeitsverluste analysiert und fünf Prozesse mit Bezug zur QS für die Fallstudie ausgewählt. Anhand dieser Daten wird das direkte Potential des Einsatzes maschineller Lernverfahren in Fertigungsanlagen evaluiert. Die Kenndaten der Fallstudie werden allerdings zunächst in einem Fallstudienprotokoll zusammengefasst.

4.1.1 Beschreibung des Fallstudienprotokolls

Zur systematischen Durchführung der Fallstudie nach Yin werden die wesentlichen Merkmale in einem Fallstudienprotokoll festgehalten [118]. Das Ziel der Fallstudie ist es, anhand der Analyse von fünf unterschiedlichen AFOs zur QS Hypothesen für die Eignung sowohl regelbasierter Systeme als auch maschineller Lernverfahren abzuleiten. Der theoretische Bezugsrahmen wurde bereits in Kapitel 2 erläutert. Aus der Herleitung in Kapitel 3 wird deutlich, dass bisher kein Prozessmodell die Planung maschineller Lernverfahren für Greenfield-Anlagen berücksichtigt. Aus diesem Grund wird ein exploratives Forschungsdesign verwendet. Als Datenquellen werden vorrangig die erhobenen Daten zur Qualitätsprüfung mittels statistischer Analyseverfahren ausgewertet. Zusätzlich werden strukturierte Experteninterviews durchgeführt. Durch die Verwendung sowohl quantitativer als auch qualitativer Forschungsmethoden und Datenquellen sollen die Ursachen für hohe Pseudofehler bei regelbasierten Systemen tiefgreifend ermittelt werden. Das vollständige Fallstudienprotokoll ist in Tabelle 4.1 zusammengefasst.

Tabelle 4.1 Das Fallstudienprotokoll fasst die wesentlichen Merkmale der Fallstudie zusammen

Protokoll	Merkmal/Kennzahl
Forschungsfrage	Welche Kriterien können als Entscheidungsgrundlage zur Planung maschineller Lernverfahren in Fertigungsanlagen genutzt werden?
Ziel der Fallstudie	Induktiver Schluss auf Hypothesen zur Herleitung von Kriterien für Entscheidungsgrundlage

(Fortsetzung)

Tabelle 4.1 (Fortsetzung)

Protokoll	Merkmal/Kennzahl
Art der Fallstudie	Explorative Mehrfachfallstudie
Einheiten der Analyse	Qualitätsprozesse in Fertigungsanlagen
Fallauswahl	Anlagenprozesse mit niedrigen/hohem OEE-Verlust
Zeitraum der Datenerhebung	05/2022-04/2023
Quantitative Datenquellen	Anlagendaten, Prozessdaten, Qualitätsdaten
Qualitative Datenquellen	Strukturierte Experteninterviews, direkte Befragung
Quantitative Datenanalyse	Explorative Datenanalyse, Statistische Analyse
Qualitative Datenanalyse	Transkription, deduktive Schlussfolgerung
Darstellung Ergebnisse	Abbildungen, Tabellen, schriftliche Ausführung

4.1.2 Auswahl der Fallstudien

Zur Durchführung der Fallstudie werden zunächst drei verschiedene Fertigungsanlagen analysiert. Bei den Anlagen handelt es sich sowohl um eine Montageanlage für das Schwenklager als auch für die Lenkung, sowie um eine Schweißanlage zur Herstellung von Batteriegehäuserahmen. Durch diese Auswahl sollen unterschiedliche Fertigungsverfahren und Anlagentypen in der Fallstudie repräsentiert werden. Zusätzlich wird die Herstellung unterschiedlicher Produkte in der Fallstudie berücksichtigt, um eine möglichst breite Datenbasis zu erlangen. Bei den ausgewählten Anlagen handelt es sich ausschließlich um neue Fertigungsanlagen für den Modularen E-Antriebs-Baukasten (MEB) der Volkswagen AG. In den Anlagen ist somit die neueste Sensorik und Auswertesoftware eingesetzt, wodurch der aktuelle Stand der Technik in der Fallstudie widergespiegelt wird. In den drei analysierten Fertigungsanlagen werden in den untersuchten AFOs zur QS entweder regelbasierte Prüfsysteme oder manuelle Sichtkontrollen eingesetzt. Arbeitsfolgen mit maschinellen Lernverfahren können nicht untersucht werden, da zum Zeitpunkt des Beginns dieser Studie in keiner Arbeitsfolge im VW-Werk Braunschweig ML-Verfahren eingesetzt werden. Hierbei werden über 4.000 Meldungen aus den Fertigungsanlagen mittels eines in Python 3.9 programmierten Programms zur Datenanalyse ausgewertet.

Fertigungsanlage: MEB-Schwenklagermontage
Die erste betrachtete Fertigungsanlage ist die MEB-Schwenklagermontage, bei der aus Einzelbauteilen (Gusskörper, Abdeckblech, etc.) das vollständige Schwenklager montiert wird (siehe Abbildung 4.1).

Abbildung 4.1 CAD-Modell eines vollständig montierten MEB-Schwenklagers

Für eine Übersicht über die Fertigungslinie ist in Abbildung 4.2 der gemittelte Verlauf der OEE mit der Standardabweichung (grauer Bereich) für ein Jahr dargestellt. Der Dezember 2022 weißt aufgrund von Schließtagen zum Jahreswechsel die geringste OEE auf.

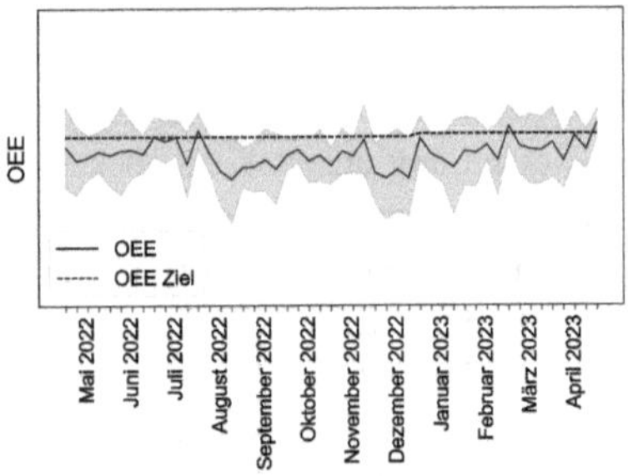

Abbildung 4.2 Der Verlauf der gemittelten OEE für die MEB-Schwenklagermontage über den Betrachtungszeitraum von einem Jahr

In Abbildung 4.3 sind die Anteile der Anlagenauslastung einzelnen Kategorien zugeordnet. Bei der Anlage kommt es vorrangig zu Verfügbarkeitsverlusten aufgrund technischer Probleme und durch organisatorische Probleme, wobei die letztgenannten auf eine mangelnde Anlagenbesetzung zurückzuführen sind. Die Verluste entstehen in manuellen Arbeitsfolgen, wobei die Mitarbeiter zwischen den einzelnen Arbeitsfolgen pendeln und somit in temporär unbesetzten AFOs keine Montagetätigkeiten durchgeführt werden. Weitere OEE-Verluste aufgrund von fehlerhaften Bauteilen oder Pseudofehlern bei der Qualitätssicherung nehmen bei der Anlage eine untergeordnete Rolle ein. Auffällig ist zudem der große Anteil an nicht identifizierten OEE-Verlusten, insbesondere in den Monaten September, Oktober und Dezember 2022. Bei Verlusten zur Kategorie Organisation oder TPM werden zusätzlich übergeordnete Themen wie Besprechungen, Umrüstarbeiten oder Wartungen an der Anlage zusammengefasst.

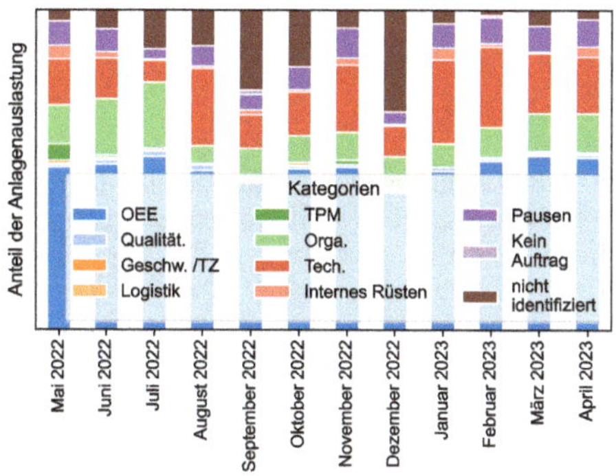

Abbildung 4.3 Anteil der OEE und Verfügbarkeitsverluste gruppiert nach Kategorien in den jeweiligen Monaten des Betrachtungszeitraums

Zur genaueren Analyse der Anlagendaten werden insgesamt über 1.000 gemeldete Einzelevents aus dem Shopfloor-Report mit einem Python-basierten Programm analysiert und hinsichtlich ihres Inhalts zusammengefasst. Hierdurch kann eine detaillierte Einzelfallbetrachtung und Ursachenanalyse für die OEE-Verluste an der Anlage durchgeführt werden. Die jeweils fünf größten einzelnen Ursachen für Anlagenverluste hinsichtlich Qualitätsverluste und technischer Verluste sind in Abbildung 4.4 dargestellt.

Eine aufwendige Prüfung mit einer hohen Investition wird bei der Qualitätssicherung des Antiblockiersystem (ABS)-Sensors (AFO 030) durchgeführt. Diese hat einen geringen OEE-Verlust und wird regelbasiert durchgeführt, weshalb diese als ein positives Beispiel in der Fallstudie berücksichtigt wird. Eine weitere AFO mit einem niedrigen OEE-Verlust und regelbasierter Bildverarbeitung ist die AFO 070, bei der Bohrlöcher für die anschließende Verschraubung geprüft werden. Diese wird ebenfalls in den Fallbeispielen berücksichtigt. Bei den technischen Verlusten sind die einzelnen Ursachen im Vergleich zu den QS-Verlusten tendenziell größer (vgl. Abbildung 4.4). Allerdings ist der große technische Gesamtverlust nur durch einen

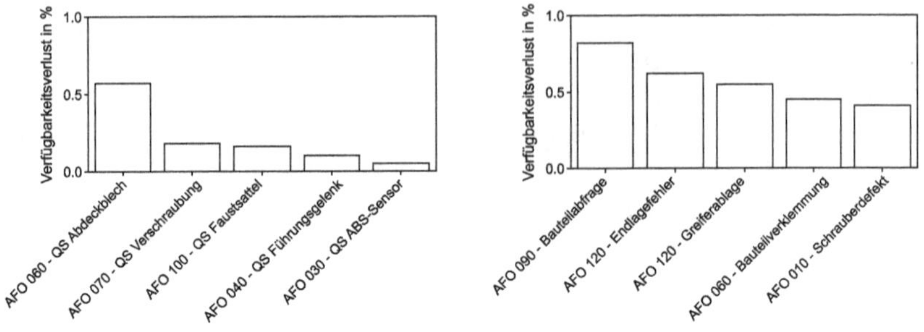

(a) (b)

Abbildung 4.4 In (a) sind die fünf größten Verfügbarkeitsverluste aus Arbeitsfolgen zur Qualitätssicherung dargestellt, (b) zeigt die fünf größten technischen Verfügbarkeitsverluste aus der Schwenklagermontagelinie

kumulierten Effekt aufgrund vieler kleinerer Ursachen zu erklären und basiert nicht auf einzelnen großen technischen Problemen.

Fertigungsanlage: MEB-Lenkungsmontage

In der MEB-Lenkungsmontage werden aus einzelnen Bauteilen die MEB-Lenkungen für die Fahrzeugmodelle der Volkswagen ID-Reihe montiert. Der durchschnittliche OEE-Verlauf der Fertigungsanlage und die Standardabweichung für einen Betrachtungszeitraum von einem Jahr sind in Abbildung 4.5 dargestellt.

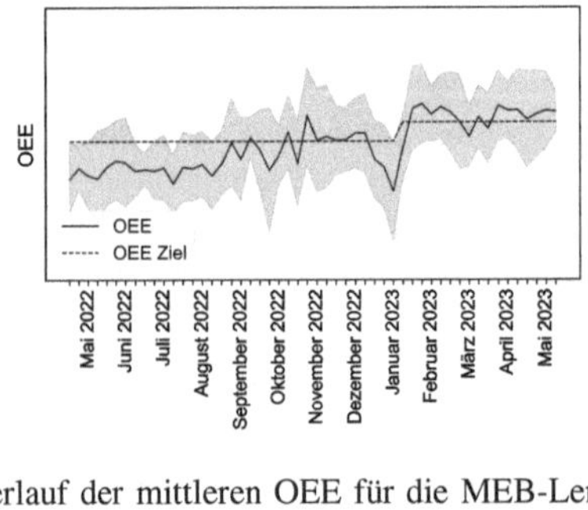

Abbildung 4.5 Der Verlauf der mittleren OEE für die MEB-Lenkungsmontage über den Betrachtungszeitraum von einem Jahr

Von Mai bis August 2022 ist die OEE unterhalb des Durchschnitts und liegt damit unterhalb des OEE-Ziels für das Jahr 2022. Ab September 2022 ist ein Anstieg der OEE erkennbar, welcher auf intensive Optimierungsmaßnahmen an der Anlage ab diesem Zeitraum zurückzuführen ist. Nach einer kurzen Verringerung der OEE gegen Ende des Jahres 2022 aufgrund von Feiertagen liegt die OEE ab dem Jahr 2023 über dem, zum Jahreswechsel hin erhöhten OEE-Ziel. Dieser Trend setzt sich bis zum Ende des Betrachtungszeitraums dieser Anlagenanalyse Ende April 2023 fort. Durch eine tiefgreifende Anlagenanalyse unter Berücksichtigung aller dokumentierten Störungen in dem Betrachtungszeitraum wurden die kumulierten OEE-Verluste einzelnen Kategorien zugeordnet. Die Verfügbarkeitsverluste der Kategorien sind in Abbildung 4.6 dargestellt. Bei der MEB-Lenkungsmontage stellen technische Probleme mit im Mittel ca. 32 % den größten Verfügbarkeitsverlust dar, gefolgt von Verlusten aufgrund von Fehlern in Arbeitsfolgen mit Bezug zur Qualität.

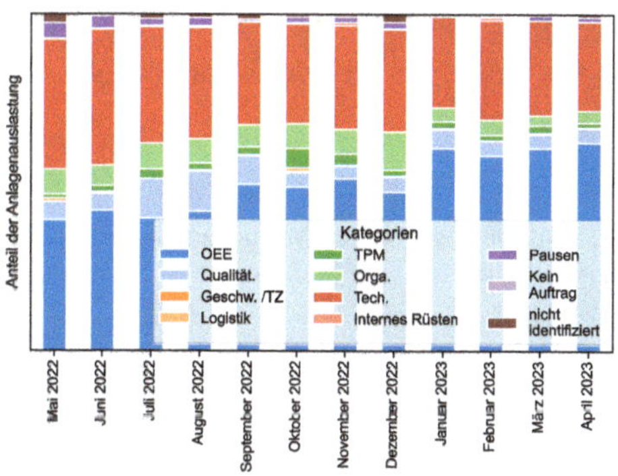

Abbildung 4.6 Die Anteile der Verfügbarkeitsverluste entsprechend den zugeordneten Kategorien in den Monaten des Betrachtungszeitraums

Zur Untersuchung der Ursachen für die OEE-Verluste in der MEB-Lenkungsmontage werden rund 2000 einzelne Meldungen aus dem Shopfloor durch ein Python-Programm analysiert. In Abbildung 4.7 (a) sind die fünf größten Beiträge zum OEE-Verlust aus den AFOs mit Bezug zur Qualitätssicherung dargestellt und in (b) der OEE-Verlust der fünf größten technischen Verluste. In der Einzelfallbetrachtung kommt es in der AFO 480 bei der Montageprüfung des Faltenbalgs und seiner Befestigung zum größten einzelnen Verfügbarkeitsverlust in der Anlage (ca. 3,7 %). Der hohe Verlust ist auf eine hohe Pseudofehlerquote (bis ca. 20 %) des eingesetzten, regelbasierten Prüfsystems zurückzuführen. Hierdurch werden die als n.i.O.

klassifizierten Lenkungen automatisch zum Nacharbeitsplatz zurückgeschickt und nach einer manuellen Prüfung und gegebenenfalls Reparatur wieder in die Anlage eingeschleust. Ab einem Pseudofehler >4 % kommt es in der Anlage zu einem Stau und die Ausbringung reduziert sich. Zur Reduzierung des OEE-Verlusts wurde als Optimierungsmaßnahme eine Notfallstrategie mittels manueller Sichtkontrolle eingeführt. Hierdurch konnte der Verfügbarkeitsverlust unter dem Einsatz zusätzlichen Personals reduziert werden.

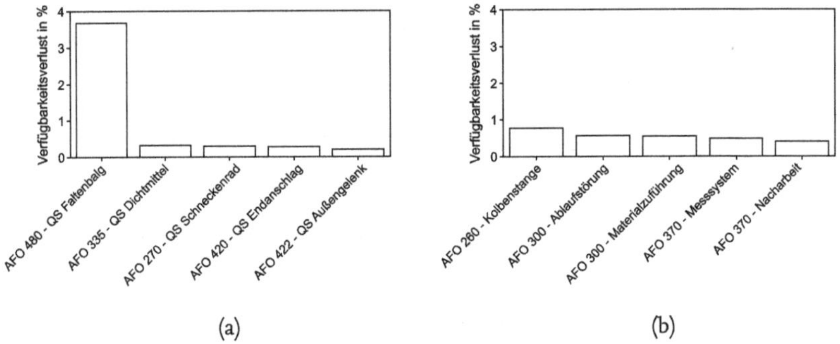

Abbildung 4.7 In (a) sind die fünf größten Verfügbarkeitsverluste aus Arbeitsfolgen zur Qualitätssicherung dargestellt, (b) zeigt die fünf größten technischen Verfügbarkeitsverluste aus der MEB-Lenkungsmontage

Die AFO 480 wird, aufgrund des hohen OEE-Verlusts, als eine nicht funktionsfähige regelbasierte Prüfung in der Fallstudie berücksichtigt. Zusätzlich wird die AFO 335 zur Qualitätssicherung des Dichtmittelauftrags mittels Lasertriangulation in der Fallstudie berücksichtigt. Der OEE-Verlust liegt bei rund 0,3 %, womit diese Prüfung als funktionsfähig bewertet wird. Das Prüfkonzept bei der AFO 335 ähnelt der AFO 480, da in beiden Arbeitsfolgen 3D-Daten aus einem Lasertriangulationssensor (LTS) mittels regelbasierter Algorithmen aus der Bildverarbeitung zur Klassifikation verwendet werden. Die wesentlichen Unterschiede zwischen den beiden AFOs kann gegebenenfalls Hinweise auf das Scheitern regelbasierter Systeme geben.

Fertigungsanlage: MEB-Batteriegehäusefertigung

Die Gehäuse der MEB-Batteriesysteme für die europäischen ID-Fahrzeuge der Volkswagen AG werden in der MEB-Batteriegehäusefertigung in Braunschweig hergestellt. Der Rahmen besteht vollständig aus Aluminium und ist in Abbildung

4.8 dargestellt, wobei die einzelnen Profile in der Anlage miteinander verschweißt werden.

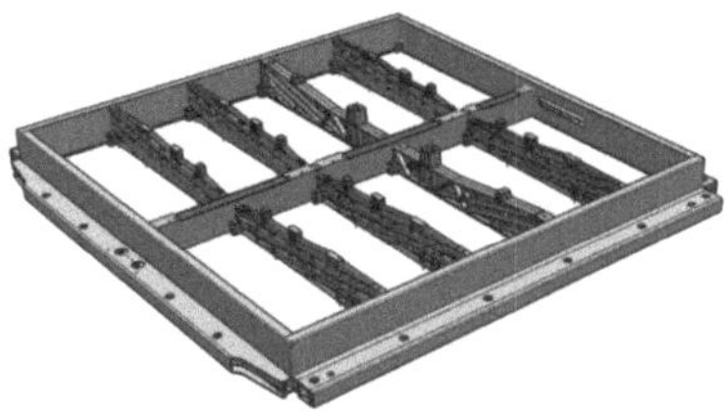

Abbildung 4.8 In der MEB-Batteriegehäusefertigung wird der Gehäuserahmen der MEB-Batteriesysteme aus einzelnen Profilen durch verschiedene Fertigungstechniken (insb. Schweißen) hergestellt

Das Gehäuse besteht aus fünf Strangpressprofilen (Rahmen) und acht Druckguss-Bauteilen (innere Verstrebungen), welche durch Metall-Inertgas (MIG)-Schweißen zueinander gefügt werden. Die wesentlichen Qualitätskriterien der Batteriegehäuse sind die mechanische Stabilität und Dichtigkeit gegenüber Luft, da die im Anschluss eingebauten Elektronikbauteile gegenüber Feuchtigkeit geschützt werden müssen. Der Verlauf der Anlagen-OEE von Mai 2022 bis April 2023 ist in Abbildung 4.9 dargestellt.

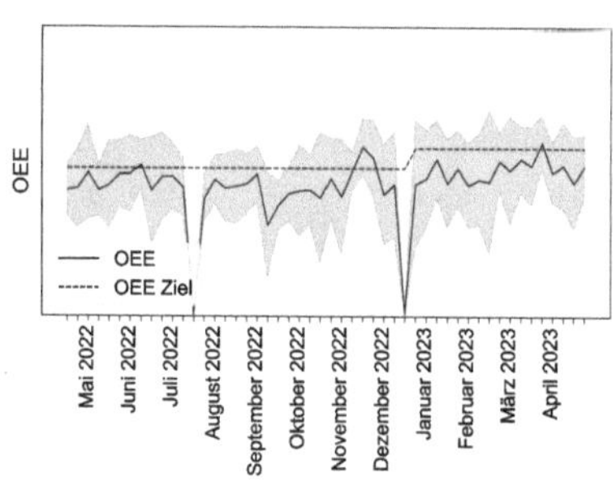

Abbildung 4.9 Der Verlauf der OEE für die MEB-Batteriegehäusefertigung über den Betrachtungszeitraum von einem Jahr

Das OEE-Ziel wird im Jahr 2022 nur in einem kurzen Zeitraum erreicht. Zudem sind zwei Einbrüche in Juli 2022 und Dezember 2022 zu sehen, wobei dies auf Werkschließung wegen Sommerferien und wegen des Jahreswechsel zurückzuführen sind. Zum Jahreswechsel von 2022 auf 2023 steigt das OEE-Ziel an, wobei die OEE der Anlage kaum verändert unterhalb des Ziels verbleibt. Die jeweiligen Anteile der Verfügbarkeitsverluste zugeordnet zu den verschiedenen Kategorien sind in Abbildung 4.10 für die Monate des Betrachtungszeitraum dargestellt.

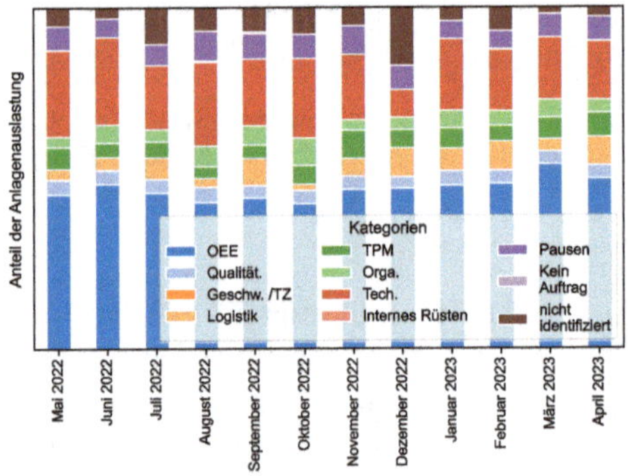

Abbildung 4.10 Die Anteile der Verfügbarkeitsverluste in der Batteriegehäusefertigung in den jeweilig zugeordneten Kategorien

Die technischen Verluste haben den größten Beitrag zum Anlagenverlust mit durchschnittlich ca. 20 % Anteil an der Verfügbarkeit. Darüber hinaus führen Verluste bei der Logistik mit durchschnittlich 5 % und Qualitätsverluste mit 4 % zu einem weiteren OEE-Verlust. An der Anlage kommt es zudem immer wieder zu nicht identifizierten Verlusten (6 %), wobei der große Anteil im Dezember auf Feiertage zurückzuführen ist. Die weiteren Verluste durch Wartung (TPM), Pausen und organisatorische Verluste sind auf die Fahrweise an der Anlage zurückzuführen und stellen keine tatsächlichen Mängel dar, weshalb diese keine weitere Berücksichtigung finden. Zur Untersuchung der Ursachen für die OEE-Verluste in der MEB-Batteriegehäusefertigung werden über 1.500 einzelne Meldungen aus dem Shopfloor durch erstellte Python-Skripte analysiert. Die fünf größten Beiträge zum Qualitätsverlust sind in Abbildung 4.11 (a) aufgelistet und die technischen Verluste in Abbildung 4.11 (b).

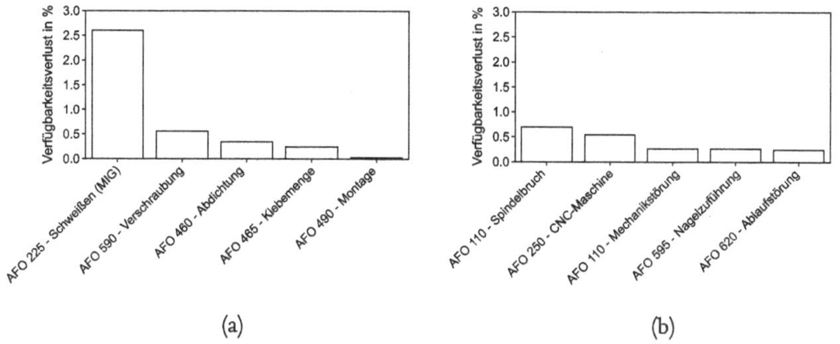

Abbildung 4.11 In (a) sind die fünf größten Verfügbarkeitsverluste durch geminderte Qualität dargestellt, (b) zeigt die fünf größten technischen Verfügbarkeitsverluste aus der MEB-Batteriegehäusefertigung

In der Auflistung wird deutlich, dass der größte einzelne Verlust mit 2,6 % auf fehlerhafte MIG-Schweißnähte zurückzuführen ist. Die Qualitätskontrolle der Schweißnähte werden durch vier manuelle Sichtprüfer durchgeführt. Die Dichtigkeit der Rahmen wird zusätzlich mittels Dichtigkeitsprüfung untersucht, bei der insb. undichte MIG-Schweißnähte detektiert werden. Der hohe technische Gesamtverlust entsteht durch die Kumulation einer Vielzahl kleinerer Verluste. Für die Fallstudie wird die Thematik der Qualitätssicherung von MIG-Schweißnähten ausgewählt. Es werden zunächst die Ursachen für den hohen Anteil fehlerhafter Schweißungen evaluiert und eine mögliche technische Lösung abgeleitet. Zusätzlich ist zu hinterfragen, weshalb trotz zahlreicher Studien hinsichtlich automatisierter, optischer Schweißnahtkontrollen weiterhin kostenintensive Sichtprüfer eingesetzt werden.

4.2 Fallstudienanalyse

Maschinelle Lernverfahren findet trotz ihres Potentials bisher nur in Einzelfällen Anwendung in industriellen Produktionsanlagen. Eine Bestandsaufnahme aus dem Mai 2022 zeigt keine Anwendung von ML-Verfahren im Volkswagen Group Components Werk Braunschweig. Die wesentlichen Gründe für diese gehemmte Entwicklung sind bereits in Kapitel 2 und Kapitel 3 dargelegt und auch auf das beschriebene automobile Komponentenwerk übertragbar. Wie bereits in Abschnitt 4.1 dargelegt, stellen vorrangig Arbeitsfolgen zur Qualitätssicherung potentielle Anwendungsbereiche für ML-Anwendungen dar. Neben dieser Eingrenzung von

Anwendungsbereichen benötigt die Anlagenplanung klar definierte Entscheidungskriterien, in welchen QS-Prozessen der Einsatz maschineller Lernverfahren einen Mehrwert bietet. Die maßgeblichen Kriterien für eine solche Entscheidungsgrundlage werden in dieser Arbeit in einem Fallstudien-Design abgeleitet, wobei zur Generalisierbarkeit insgesamt fünf regelbasierte Qualitätsprüfungen aus dem Komponentenwerk Braunschweig analysiert werden [118]. Als Metrik zur Bewertung einer einzelnen Arbeitsfolge wird der Verfügbarkeitsverlust in der einzelnen QS-Arbeitsfolge verwendet. Durch die Interfallstudienanalyse werden die wesentlichen Ursachen für hohe Verfügbarkeitsverluste bei den regelbasierten QS-Prüfungen definiert. Im Anschluss werden Hypothesen formuliert, unter welchen Voraussetzungen der Einsatz regelbasierter Prüfungen ungeeignet ist und maschinelle Lernverfahren einen Mehrwert liefern können. Insgesamt werden durch dieses Vorgehen sechs Arbeitshypothesen definiert, welche die Grundlage für die Entscheidungskriterien zur Planung maschineller Lernverfahren in Fertigungsanlagen darstellen.

Erste Fallstudie: Prüfung ABS-Sensor

Der ABS-Sensor in einem Personenkraftwagen (PKW) ist im Bereich des Schwenklagers angebracht, wobei durch die Bestimmung der Raddrehzahl das ABS-System gesteuert wird. Eine CAD-Darstellung des Sensors ist in Abbildung 4.12 (a) visualisiert. Aufgrund des Einflusses des Raddrehzahlsensors auf die Sicherheit eines Fahrzeugs wird jeder ABS-Sensor einer Qualitätsprüfung unterzogen. Bei der Prüfung wird die Änderung des Stroms bei verschiedenen Umdrehungen des Radlaufs mit einer Frequenz von 1,000 Hz gemessen. Die Prüfschaltung ist in Abbildung 4.12 (b) dargestellt. Bei der Prüfung wird der Signalstrom des Sensors I_S nach dem Ohm'schen Gesetz durch: $I_S = \frac{U_S}{R}$ errechnet, wodurch direkt auf die Raddrehzahl geschlossen werden kann. Für die Klassifikation in i.O./n.i.O.-Bauteil sind die

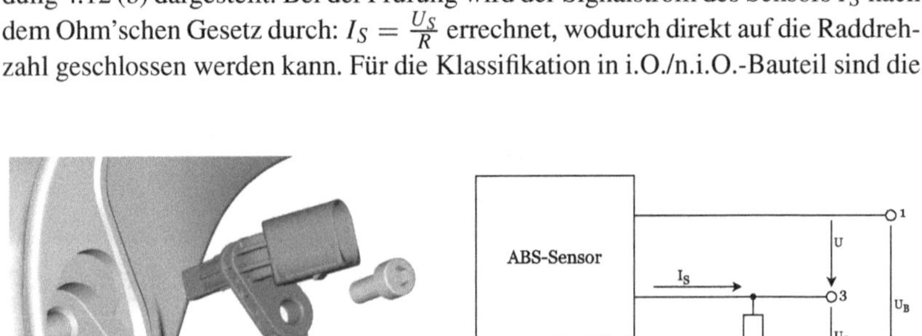

(a) (b)

Abbildung 4.12 In (a) ist das CAD-Modell des ABS-Sensors dargestellt und in (b) die Prüfschaltung zur Qualitätssicherung für den aktiven ABS-Sensor

Abweichungen bei der Messung definiert und bilden somit ein regelbasiertes System basierend auf Schwellwerten.

Der Zusammenhang zwischen den Messgrößen und dem Prüfmerkmal ist durch physikalische Formeln determiniert. Die zulässigen Toleranzbereiche sind in Tabelle 4.2 dargestellt, wobei innerhalb des Bereichs ein sicherer Fahrzeugbetrieb gewährleistet werden kann.

Tabelle 4.2 Die Prüfbedingungen mit den Werten und jeweiligen Toleranzbereichen für die regelbasierte Prüfung des ABS-Sensors

Prüfbedingungen	Prüfwert	Toleranzbereiche
Betriebsspannung (U_B)	12 V	$\pm$ 0,1 V
Encoderfrequenz	100 Hz	$\pm$2 %
Präzisionswiderstand (R)	115 Ω	$\pm$1 %
Strom (I_H)	14 mA	20 %/−16 %
Strom (I_L)	7 mA	20 %/−16 %

In Abbildung 4.13 (a) sind die Messdaten aus 2.000 Prüfungen exemplarisch für den unteren Messstrom dargestellt. Der untere Messstrom liegt im Mittelwert bei 7,22 $\pm$ 0,04 mA für die untersuchten ABS-Sensoren. Aus der Analyse wird die Ähnlichkeit der einzelnen Prüfungen deutlich und es kann darauf geschlossen werden, dass die ABS-Sensoren untereinander nur geringfügig voneinander abweichen. Bei einer Über- oder Unterschreitung des eingestellten Schwellwerts wird das

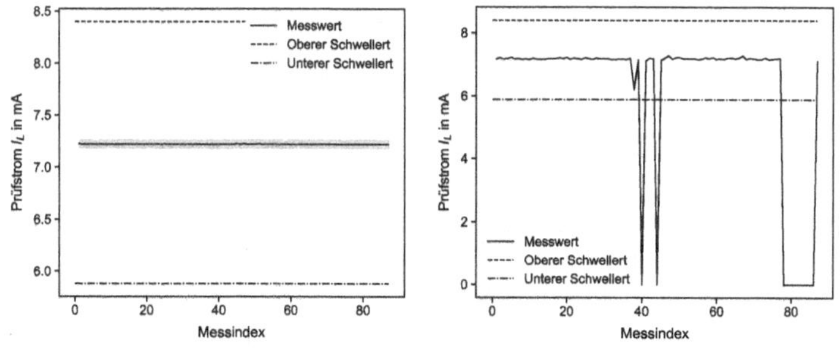

(a) (b)

Abbildung 4.13 In (a) sind die gemittelten Messverläufe und deren Standardabweichung von 2.000 untersuchten ABS-Sensoren dargestellt und in (b) die Messdatenreihe für eine n.i.O.-Prüfung eines ABS-Sensors

Bauteil als n.i.O. klassifiziert und der ABS-Sensor dem Ausschuss zugeführt. Der Messverlauf für einen n.i.O.-Sensor ist in Abbildung 4.13 (b) dargestellt.

Die Prüfung des ABS-Sensors ist eine sehr stabile Qualitätsprüfung mit einem OEE-Verlust von ca. 0,06 % und basiert auf einem regelbasierten Prüfkonzept. Dieser Verlust ist auf n.i.O.-Bauteile zurückzuführen, weshalb die Prüfung als funktionsfähig betrachtet wird. Die wesentlichen Merkmale dieser Prüfung sind, neben der geringen Varianz in den Daten, die geringe Dimension der Daten und das eindeutig definierte physikalische Messprinzip.

Zweite Fallstudie: Bohrlocherkennung

In der zweiten Fallstudie werden die drei Löcher im Schwenklager auf verbliebene Fremdkörper (z. B. Span) mittels Bildauswertung geprüft und das Bauteil im Anschluss anhand des Lochbilds für die weitere Bearbeitung ausgerichtet. In der entsprechenden AFO werden zur Bauteilkontrolle Graustufenbilder aufgenommen (siehe Abb. 4.14 (a)) und die Bohrlöcher anhand regelbasierter Algorithmen detektiert und geprüft.

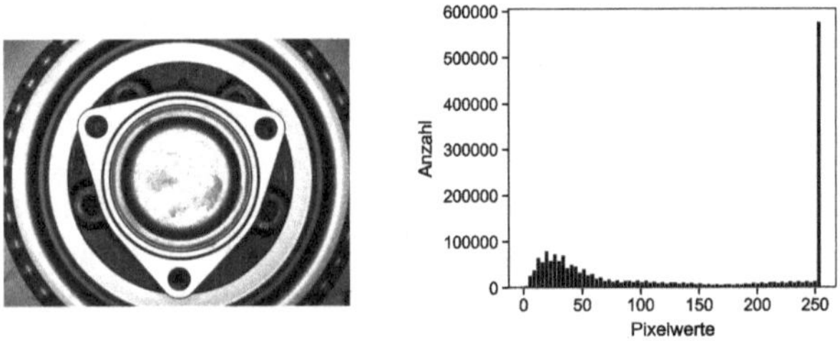

(a) (b)

Abbildung 4.14 In (a) ist das Bauteil zur Prüfung der Bohrlöcher mittels regelbasierter Bildverarbeitung dargestellt. In (b) ist das Histogramm des Graustufenbildes mit einer bimodalen Verteilung der Pixelwerte abgebildet

Für die explorative Datenanalyse werden zuerst die Bildaufnahmen gesichtet und anhand eines Histogramms die Pixelverteilung eines Bildes dargestellt (vgl. Abb. 4.14 (b)). Anhand der bimodalen Pixelverteilung wird ein ausgeprägter Kontrast in den Bildern deutlich, welcher auf die glänzenden gefrästen Oberflächen und die beschichteten Metalle zurückzuführen ist. Zur weiteren Analyse werden zehn zufällig ausgewählte Bilder miteinander auf ihre strukturelle Selbstähnlichkeit mittels Structural Similarity Index Measure (SSIM)-Algorithmus verglichen [120]. Die

Ergebnisse für die zehn Vergleichsbilder sind als symmetrische Matrix in Abbildung 4.15 (a) dargestellt. Auf der Hauptdiagonalen ist der Wert eins, da hier ein Bild mit sich selber verglichen wird. Für unterschiedliche Bilder liegt der durchschnittliche SSIM bei $0{,}49 \pm 0{,}12$. Dieser Wertebereich deutet im Kontext der Dimensionsreduktion von Bildern (typisches Anwendungsgebiet des SSIM) auf einen Datenverlust bei der Rekonstruktion hin, welcher beispielsweise durch eine verringerte Bildschärfe entsteht. Es ist somit von gewissen Unterschieden zwischen den einzelnen Bildern auszugehen. Zur Ermittlung der Herkunft dieser Unterschiede wird die lokale Varianz einzelner Px in einem Bildstapel von 1.000 Bildern analysiert. Die lokale Varianz ist in Abbildung 4.15 (b) dargestellt, wobei eine hohe Varianz ausschließlich entlang der Konturen im Bild vorkommt. Die hohen Werte bei der Varianz sind eine Folge des hohen Kontrastes, da die Bilder Schwarz-Weiß (S/W)-Aufnahmen ähneln und somit sehr große Werte (Pixelwert > 200) mit sehr kleinen Werten (Pixelwert < 50) verglichen werden. Dieser Umstand lässt den Rückschluss zu, dass die vergleichsweise geringen SSIM-Werte auf einen ausgeprägten S/W-Kontrast anstatt wirklicher Unterschiede bei den Bildern zurückzuführen sind. Zudem sind Unterschiede bei Konturen auch identisch zu einer verringerten Bildschärfe, wobei die quantitative Bewertung dieser Unterschiede dem typischen Anwendungsfall des SSIM-Algorithmus entspricht. Die Bauteillage mit den dazugehörigen Merkmalen (insb. Bohrloch) variiert entsprechend den Ergebnissen der Datenanalyse nur in geringem Maße und kann zudem aufgrund des deutlichen Kontrastes sicher identifiziert werden. Eine mechanische Fixierung stellt die Zentrierung der Bauteile sicher.

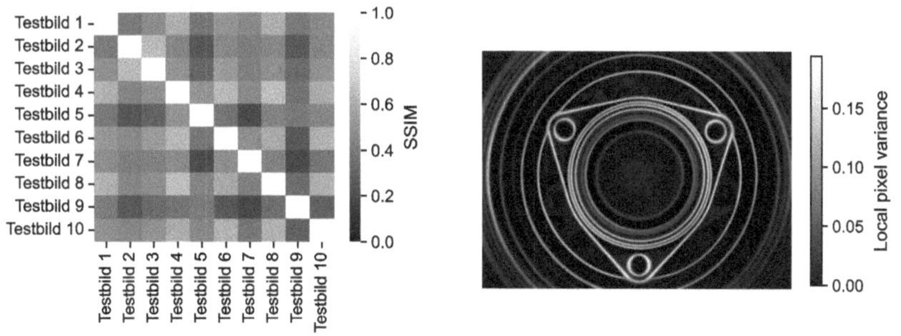

(a) (b)

Abbildung 4.15 In (a) ist der SSIM-Wert für zehn miteinander verglichenen Bildern dargestellt und in (b) die lokale Varianz einzelner Px errechnet aus einem Bildstapel

Anhand der Untersuchungsergebnisse lassen sich folgende Bedingungen ableiten, welche den Einsatz regelbasierter Systeme begünstigen. Zum einen ist die Definition der Startbedingungen für die regelbasierte Prüfung wesentlich für die Erfüllung der weiteren Prüfaufgaben. Diese wird in der Fallstudie durch eine mechanische Fixierung des Bauteils sichergestellt. Die Bauteile unterliegen nur sehr geringen Schwankungen, was anhand der lokal begrenzten Varianz deutlich wird und auf das Fertigungsverfahren der zugelieferten Halbzeuge (Fräsen, Bohren) zurückzuführen ist. Ein wesentlicher Punkt ist zudem der ausgeprägte Kontrast in den Bilddaten, da Regeln und Schwellenwerte zur Kanten- und Objekterkennung beispielsweise von den Bohrlöchern sehr robust einstellbar sind. Der Kontrast entsteht bei der Arbeitsfolge aus dem Zusammenspiel zwischen den glänzenden und dunkel lackierten Materialoberflächen und stellt ein Qualitätsmerkmal für die Auswertung der Daten dar. Da es bei der AFO keine Auffälligkeiten hinsichtlich OEE-Verlusten gibt, ist die regelbasierte Qualitätskontrolle als funktionstüchtig zu bewerten.

Dritte Fallstudie: Faltenbalgprüfung

Bei der dritten Fallstudie wird die AFO 480 der MEB-Lenkungsmontage analysiert, in welcher die korrekte Montage des Faltenbalgs und dessen Fixierung mittels Federbandschelle und Ohrschlauchschelle geprüft wird (siehe Abbildung 4.16). Die korrekte Montage des Faltenbalgs wird anhand des direkten Abschlusses an der Nut in der Gelenkstange definiert und die korrekte Fixierung beider Schellen durch die Lage in den vorgesehenen Vertiefungen des Faltenbalgs.

(a) (b)

Abbildung 4.16 In (a) ist die Federbandschelle und in (b) die Ohrschlauchschelle zur Fixierung des Faltenbalgs gezeigt

Die Prüfung wird durch einen LTS durchgeführt, welcher durch einen Roboter 360° um das Bauteil herumgeführt wird. Mittels des LTS werden Höhenprofildaten aufgenommen und durch Kantendetektion basierend auf klassischen Bildverarbeitungsalgorithmen die Abstände zwischen den einzelnen Vertiefungen bestimmt. Die beschriebene QS hat mit 3,7 % OEE-Verlust den größten Anteil einer einzelnen AFO in der gesamten Fertigungsanlage. In Abbildung 4.17 (a) ist ein aufgenommenes Höhenprofil der Federbandschelle mit einer farblichen Kodierung der Höhe dargestellt. Der Faltenbalg befindet sich im linken Bildbereich und ist anhand der vier Erhöhungen zu erkennen. Die Federbandschelle befindet sich in der Mitte des Bilds und es sind Vertiefungen aufgrund der Aussparungen in der Schelle sichtbar. Im rechten Bildbereich befindet sich die Gelenkstange mit der Nut. Die weißen Bereiche im Bild sind Px ohne Messwerte. Die Verteilung der Höhendaten ist in dem Histogramm in Abbildung 4.17 (b) dargestellt.

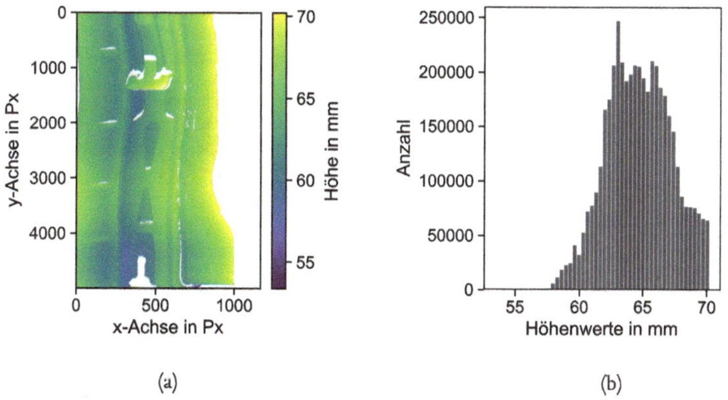

Abbildung 4.17 In (a) ist ein Höhenprofil der Federbandschelle zur Qualitätskontrolle visualisiert und in (b) das Histogramm zu den Messdaten des Höhenprofils

Zur weiteren Analyse werden zehn zufällig ausgewählte Messdaten aus der AFO 480 miteinander verglichen. In Abbildung 4.18 (a) ist die Vergleichsmatrix der strukturellen Selbstähnlichkeit durch den SSIM-Wert dargestellt. Der durchschnittliche SSIM für die untersuchten (normalisierten) Höhenprofile aus der Faltenbalgprüfung liegt bei 0,21± 0,01. Ein geringer SSIM-Wert deutet auf eine hohe Variabilität bei den Messdaten hin. Zur detaillierten Analyse wurde die lokale Pixelvarianz anhand eines Bildstapels errechnet. In Abbildung 4.18 (b) ist diese lokale Varianz in dem Bild sichtbar. In dem Bild sind große Bereiche mit mittlerer Pixelvarianz (hellgrau) im Bereich der Federbandschelle sichtbar. Dies ist auf eine unterschiedliche Position der Schelle selbst zurückzuführen und kann durch eine Variation der Bauteilposition erklärt werden. Hierbei ist es wichtig zu erwähnen, dass die Bauteile durch einen Sichtprüfer nachträglich als i.O. bewertet wurden. Bei einer leichten Veränderung der Position des Faltenbalgs können die regelbasierten Algorithmen zur Bildverarbeitung die Prüfkriterien nicht mehr korrekt identifizieren und es kommt zu einem Pseudofehler. Die Ursache für eine veränderte Position sind tolerierte Schwankungen der angelieferten Bauteilchargen und geringfügige Abweichungen bei der Montage.

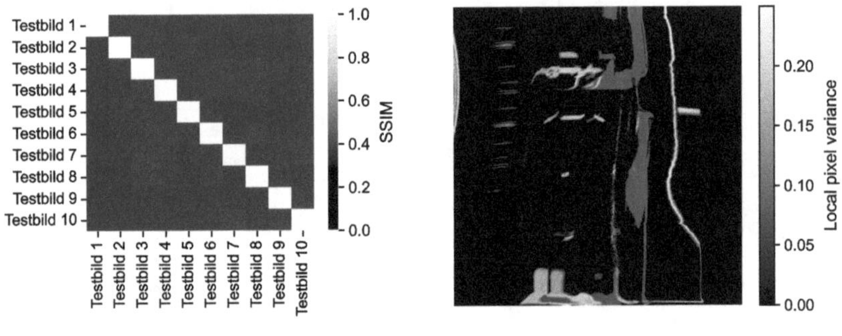

(a) (b)

Abbildung 4.18 In (a) ist die Vergleichsmatrix des SSIM für zehn zufällig ausgewählte Höhenprofile aus der Faltenbalgprüfung dargestellt und in (b) die berechnete lokale Varianz aus den Höhenprofilen

Vierte Fallstudie: Dichtmittelauftrag

In der vierten Fallstudie wird die AFO 335 der MEB-Lenkungsmontage zur Prüfung des Dichtmittelauftrags für den Gehäusedeckel untersucht. In Abbildung 4.19 sind der Gehäusedeckel und das aufgebrachte schwarze Dichtmittel dargestellt. Der Prüfprozess ist gegenüber Fremdlicht abgeschirmt.

Bei der Prüfung des Dichtmittelauftrags wird ein LTS im definierten Abstand zum Gehäusedeckel durch einen Roboter über dem Bauteil geführt und ein Höhenprofil aus einzelnen Linienprofilen zusammengesetzt. Das zusammengesetzte Höhenprofil ist in Abbildung 4.20 (a) gezeigt, wobei die Schraublöcher des Gehäusedeckels eine Orientierung geben und das aufgetragenen Dichtmittel anhand der Erhöhung erkennbar ist. Das Histogramm in Abbildung 4.20 (b) zeigt die Verteilung der Messdaten.

(a) (b)

Abbildung 4.19 Aufnahmen des aufgetragenen Dichtmittel auf die Sensorkappe mit in (a) der Draufsicht und in (b) Seitenansicht

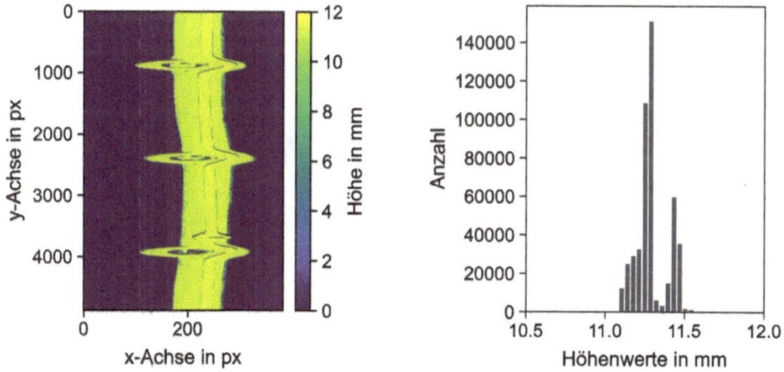

(a) (b)

Abbildung 4.20 In (a) ist das Höhenprofil zur Prüfung des Dichtmittelauftrags einer Prüfung dargestellt und in (b) das Histogramm der Messdaten

Der größte Peak beim Höhenprofil liegt bei ca. 11,25 mm und entspricht der Höhe des Gehäusedeckels. Der zweite Peak befindet sich bei rund 11,5 mm, wobei die Differenz dieser beiden Höhenwerte der Höhe des aufgebrachten Dichtmittels von 0,2 mm bis 0,3 mm entspricht. Anhand der Analyse der Messdaten wird deutlich, dass der Sensor in einer gleichbleibenden Höhe über den Gehäusedeckel geführt wird. Zur quantitativen Analyse verschiedener QS-Daten werden zehn zufällig ausgewählte Messprofile miteinander auf ihre strukturelle Selbstähnlichkeit mittels SSIM-Algorithmus hin untersucht. In Abbildung 4.21 (a) sind die Ergebnisse als Vergleichsmatrix dargestellt. Der durchschnittliche SSIM für die untersuchten Höhenprofile aus der Dichtmittelprüfung liegt bei $0{,}76 \pm 0{,}02$. Dieser SSIM-Wert deutet auf eine hohe Ähnlichkeit bzw. geringe Änderung zwischen den verschiedenen Messdaten hin. Zur weiteren Analyse wird die lokale Varianz bei den ausgewählten Messdaten durch die Bildung eines normalisierten Bildstapels bestimmt. Die lokale Varianz ist in Abbildung 4.21 (b) dargestellt. Deutlich erkennbar ist eine größere lokale Varianz an den Konturen der Prüfdaten. Eine mögliche Ursache für diese Abweichungen können Schwankungen/Messunsicherheiten bei der Erfassung von Kanten durch den LTS sein. Eine weitere Ursache könnte zusätzlich auch eine geringfügige Positionsänderungen der unterschiedlichen Bauteile sein. Die Bereiche der zu kontrollierenden Höhendaten des Dichtmittelauftrags weisen keine lokale Varianz auf. Dies deutet auf eine sehr hohe Wiederholgenauigkeit bei dem zu prüfenden Prozess hin und auf eine hohe Prozessfähigkeit.

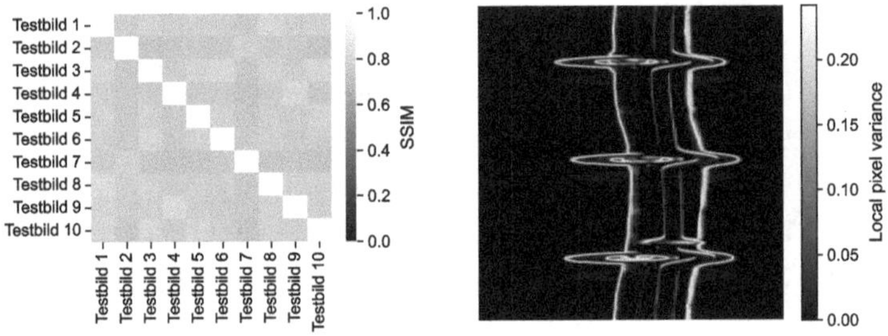

(a) (b)

Abbildung 4.21 In (a) ist die Vergleichsmatrix des SSIM für zehn Höhenprofile aus der Dichtmittelprüfung dargestellt und in (b) die lokale Varianz errechnet aus dem Bildstapel

Fünfte Fallstudie: MIG-Schweißnähte

Anhand der Anlagenanalyse der MEB-Batteriegehäusefertigung in Abschnitt 4.1 wird der OEE-Verlust aufgrund fehlerhafter MIG-Schweißnähte deutlich. In Abbildung 4.22 ist zum besseren Verständnis eine Kehlnaht zum Fügen der Gehäuserahmen mit einer Nahtunterbrechung dargestellt.

In dieser Fallstudie werden durch qualitative Forschung zunächst die Ursachen fehlerhafter Schweißprozesse ermittelt und mögliche Lösungsstrategien zur Steigerung der OEE evaluiert. Darüber hinaus werden die Gründe für den Einsatz der kostenintensiven manuellen Sichtprüfung beschrieben, obwohl in Studien die automatische optische Schweißnahtkontrolle untersucht wurde [13, 109]. Die zwei leitenden Forschungsfragen bei der Durchführung der Experteninterviews lauten:

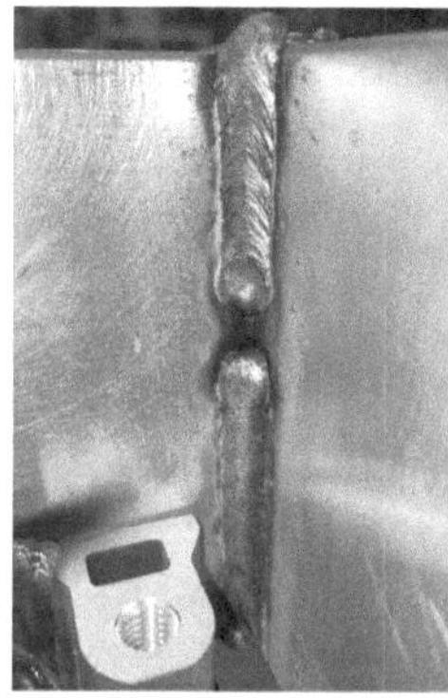

Abbildung 4.22 Unterbrochene MIG-Schweißnaht (Kehlnaht) beim Fügen der äußeren Profilbauteile des MEB-Batteriegehäuserahmens

1. Was sind die Ursachen defekter Schweißnähte in der MEB-Batteriegehäusefertigung?
2. Warum werden in der MEB-Batteriegehäusefertigung zur Qualitätskontrolle der MIG-Schweißnähte manuelle Sichtprüfer eingesetzt und welche Probleme gibt es bei Systemen zur automatischen, optischen Schweißnahtkontrolle?

Zur Beantwortung werden vier strukturierte Experteninterviews durchgeführt. Der entwickelte Leitfaden zur Befragung ist im Anhang 18 im elektronischen Zusatzmaterial einsehbar. Bei der Auswahl der Experten werden die Kriterien nach Kaiser [121] angewendet, wobei Schweißexperten aus unterschiedlichen Fachbereichen (Entwicklung, Inbetriebnahme, Produktion) zur Erfassung unterschiedlicher Sichtweisen ausgewählt werden. Die Experten sind seit mindestens zehn Jahren im Bereich des Schweißens tätig und haben in ihrer Arbeit direkten Bezug zum betroffenen Produkt. Bei den Befragungen werden zahlreiche Ursachen für fehlerhafte Schweißnähte genannt, welche in Abbildung 4.23 dargestellt sind. Die Änderung des Fügespalts und Bauteiltoleranzen werden von allen vier Experten als Fehlerursache genannt. Zudem werden Temperaturunterschiede und ungenaue Spannvorrichtungen von drei Experten genannt. Darüber hinaus gibt es mehrere einfach genannte Fehlerursachen.

Die Änderung des Fügespalts ist eine direkte Folge von Bauteiltoleranzen, da nicht maßhaltige Bauteile zu einem Fügespalt außerhalb des Sollspalts von 0,2 mm führen. Bei verzogenen Bauteilen können zudem andere Spaltgeometrien entstehen, auf welche die Schweißparameter nicht eingestellt sind. Bei

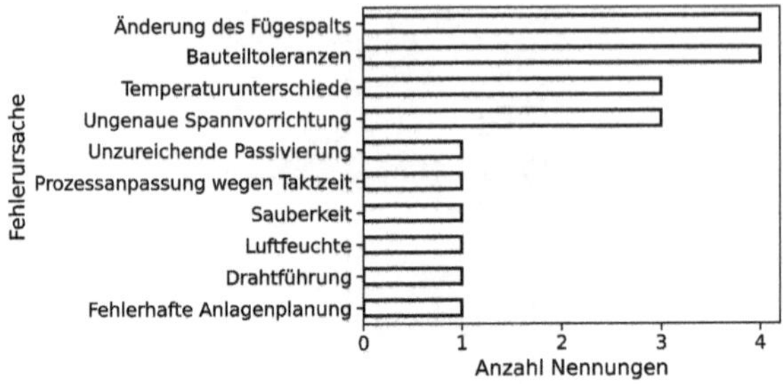

Abbildung 4.23 Ergebnis der Experteninterviews zu den genannten Ursachen fehlerhafter MIG-Schweißprozesse in der MEB-Batteriegehäusefertigung

Temperaturabweichungen zur ausgelegten Prozesstemperatur oder zwischen den Fügepartnern kommt es beim Schweißen zu einem unvorhersehbaren Verzug der Bauteile und dadurch zu einer erhöhten n.i.O.-Quote. Die Temperaturunterschiede bei den Bauteilen entstehen in der Regel durch nicht eingehaltene Lagerungszeit in der Werkhalle vor der Verarbeitung. Bei einer ungenauen Spannvorrichtung zum Zustellen der Fügebauteile kann es ebenfalls aufgrund eines veränderten Fügespalts zu einer Fehlschweißung kommen. Aus den Ergebnissen wird deutlich, dass Veränderungen des Fügespalts eine wesentliche Ursache für fehlerhafte Schweißnähte und auch Ausschuss sind. Anhand der Ergebnisse aus den Experteninterviews zu den Ursachen defekter Schweißnähte wird geschlussfolgert, dass ein System zur Vorhersage der Schweißbarkeit anhand einer Vermessung des Fügespalts in der MEB-Batteriegehäusefertigung die n.i.O.-Quote beim MIG-Schweißen reduzieren kann. Die Aussagen der Schweißexperten zur Beantwortung der zweiten Leitfrage sind in Abbildung 4.24 mit der Anzahl der Nennungen dargestellt.

Die Ergebnisse zeigen eine hohe Überschneidung bei den Aussagen, warum manuelle Sichtkontrollen in der Fertigungsanlage automatisierten Prüfsystemen vorgezogen werden. Drei von vier Experten haben bereits direkte Erfahrungen mit optischen Prüfsystemen. Bereits durchgeführte Konzeptstudien zu automatisierten Prüfsystemen von Schweißnähten am VW-Standort Braunschweig zeigten bisher eine unzureichende Performance bei der Erkennung tatsächlicher Schweißfehler. Bei den Untersuchungen wurden insbesondere Einbrandkerben und Risse nicht ausreichend durch die Systeme erkannt. Ein weiteres Problem bisheriger Prüfsysteme ist die geringe Anpassungsfähigkeit auf wechselnde Prüfbedingungen und Änderungen der Schweißnaht. Das folgende Zitat beschreibt den zentralen Grund für die Überlegenheit manueller Sichtprüfer gegenüber Prüfsystemen:

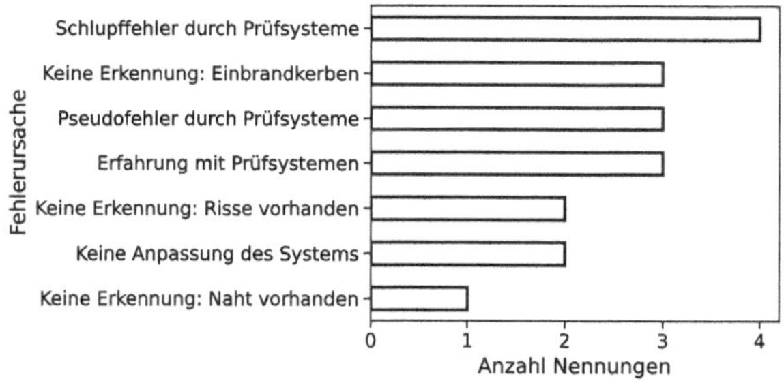

Abbildung 4.24 Ergebnis der Experteninterviews zu den Limitationen von Systemen zur automatisierten Schweißnahtüberwachung

Schweißexperte (Entwicklung): „Auch ein großer Vorteil vom menschlichen Auge ist, dass man reagieren kann. Der Mensch ist halt intuitiv, das heißt wenn er von einer Blickrichtung schaut und sieht, oh, da könnte was sein. Man guckt sich das von der anderen Richtung an und schaut, ob genau da was vorhanden ist."

Anhand dieses Zitats wird deutlich, dass die intuitive Anpassung von manuellen Sichtprüfern auf unterschiedliche Bedingungen, wie bspw. wechselnden Schattierungen und unterschiedliche Nahtoberflächen der Schweißnähte den wesentlichen Grund für die Überlegenheit manueller Sichtprüfer gegenüber automatisierten Prüfsystemen darstellt. Zwei Experten thematisieren zusätzlich Schlupffehler bei der manuellen Sichtprüfung. Diese werden auf auf Ermüdung der menschlichen Prüfer zurückgeführt. Zwei Experten betonen die hohe Relevanz der entsprechenden Qualifikation von Mitarbeitern und die Sensibilisierung auf die Relevanz der Qualitätskontrolle von Schweißnähten. Generell stehen die Schweißexperten einer automatisierten optischen Schweißtnahtkontrolle positiv gegenüber. Sie betonen aber, dass solche Systeme den manuellen Sichtprüfern ebenbürtig sein müssen, wobei dies bisher nicht zweifelsfrei nachgewiesen werden konnte.

4.3 Interfallstudienanalyse und Hypothesenbildung

Bei einem Vergleich der betrachteten Fallstudien aus dem vorangegangenen Abschnitt ist zunächst festzustellen, dass die Prüfung des ABS-Sensors auf physikalischen Berechnungen basiert. In den anderen Fallstudien werden hingegen Bild- oder Höhendaten durch Algorithmen der Bildverarbeitung ausgewertet. Hierbei sind die Zusammenhänge nicht eindeutig physikalisch determiniert und müssen für jeden

Anwendungsfall spezifisch eingestellt werden. Aus der Prüfung des ABS-Sensors wird deutlich, dass bei der Verwendung physikalischer Größen eine regelbasierte Prüfung ein geeignetes Verfahren darstellt. Hieraus wird die erste Hypothese zur Entscheidung der Eignung eines ML-Verfahrens abgeleitet.

Planungshypothese 1
Wenn eine Prüfung oder Vorhersage durch physikalische Gesetzmäßigkeiten determiniert ist, dann ist ein regelbasiertes Verfahren vorzuziehen und die Verwendung maschineller Lernverfahren ist zu vermeiden.

Die bisher erfolgreichsten Anwendungsgebiete maschineller Lernverfahren sind im Bereich der Bild- und Sprachverarbeitung aufzufinden [12, 66, 69]. In diesen Anwendungsgebieten werden anhand großer Datenmengen komplexe, wiederkehrende Muster durch das Modell erlernt. Bei der Vorhersage, bspw. der Vervollständigung von Sätzen, werden die Wörter mit der höchsten Wahrscheinlichkeit vorhergesagt. Somit erlernt ein ML-Verfahren empirische Zusammenhänge und codiert diese in den Gewichten der Modelle. Der Vorteil des ML-Verfahrens entsteht vorrangig durch die Verarbeitung einer großen Datenmenge, die menschliche Akteure deutlich überfordern würden. Dem gegenüber stehen eindeutig definierte physikalische Zusammenhänge, wie die Berechnung eines Stroms in einem Bauteil anhand gemessener Spannung und Widerstand. In dieser Herleitung wird zudem die Anzahl der Dimensionen und Komplexität der Daten als ein weiteres Kriterium für bzw. gegen den Einsatz maschineller Lernverfahren deutlich. Bei der Verwendung regelbasierter Systeme müssen die Regeln explizit kodiert werden. Bei einer hohen Anzahl an zu berücksichtigenden Merkmalen (Dimensionen) und großen Datenmengen werden die kodierten Regeln häufig unübersichtlich und äußerst komplex. Der ABS-Sensor (erste Fallstudie) wird mittels univariater Zeitreihenanalyse auf seine Funktion geprüft. Zur Bauteilprüfung werden eine geringe Anzahl von Schwellwerten in einem Programm kodiert, wobei diese Regeln für alle nachfolgenden Bauteile gültig sind und damit eine generalisierende Lösung darstellen. Bei der Prüfung des Bohrlochs (zweite Fallstudie) werden Bilddaten durch regelbasierte Bildverarbeitung ausgewertet. Insgesamt werden hierbei sehr einfache Regeln basierend auf Kontrastübergängen kodiert, wobei diese aufgrund der immer gleichen Bedingungen bei der Bauteilprüfung eine sehr hohe Generalisierbarkeit für die spezifische Prüfung aufweisen. Bei der dritten Fallstudie zur automatisierten Montageprüfung des Faltenbalgs werden eine Vielzahl komplexer Regeln basierend auf der Bildung von Ableitungen und Schnittpunkten kodiert. Im Anschluss werden die Abstände zwischen den detektieren Vertiefungen an sechzehn Positionen bestimmt und mit eingestellten Schwellwerten verglichen. Somit wird die eigentliche Prüfung nur indirekt unter der Kodierung einer Vielzahl von Regeln durchgeführt. Bei der Erstellung des Programmcodes können aufgrund der Komplexität maximal fünf Höhendaten von den zuständigen Programmierern berücksichtigt werden. Die hohe Komplexität der aufgestellten Regeln und die verhältnismäßig geringe Anzahl an Stichproben zur Definition der Regeln führen zu keiner generalisierenden Lösungsvorschrift, was zu einem hohen Pseudofehler und einer Minderung der Anlagenverfügbarkeit führt. In der vierten Fallstudie (Dichtmittelauftrag) wird innerhalb eines vordefinierten Bildbereichs die Höhe des Dichtmittelauftrags direkt gemessen und anhand definierter Regeln geprüft. Bei einem Vergleich wird deutlich, dass die Komplexität und Dimension der Prüfdaten ein wesentliches Kriterium für die Entscheidung darstellen, ob der Einsatz eines ML-Verfahrens geeignet ist. Somit wird für die Entscheidungsgrundlage eine weitere Hypothese abgeleitet.

Planungshypothese 2
Wenn die Dimension und Komplexität der Daten zur Prüfung/Vorhersage gering ist, dann sind regelbasierte Systeme zur expliziten Kodierung von Regeln der Verwendung maschineller Lernverfahren vorzuziehen.

In den Fallstudien zeigt sich eine hohe Funktionalität regelbasierter Systeme, wenn die kodierten Regeln direkt auf die Sensordaten angewendet werden können (z. B. Schwellenwertbildung). Indirekte Prüfungen mit mehreren, teils komplexen, Verarbeitungsschritten bis zur endgültigen Klassifikation weisen hingegen eine Anfälligkeit für fehlerhafte Vorhersagen auf. Somit müssen bei der Entscheidung über den Einsatz eines ML-Verfahrens in der Planungsphase bereits erste Konzepte über das Prüfszenario existieren. Eine weitere in den Fallstudien beobachtete Herausforderung stellt die Generalisierbarkeit der kodierten Prüfregeln auf nachfolgende Bauteile dar. Bei Arbeitsfolgen mit einstellbaren Schwellwerten, welche direkt auf die Sensorsignale angewendet werden können, ist eine hohe Generalisierbarkeit der regelbasierten Systeme zu beobachten. Im Unterschied dazu sind Arbeitsfolgen mit mehreren kodierten Regeln, welche manuell anhand beobachteter Sensordaten ausgelegt werden, anfällig auf Pseudofehler. In diesen Situationen erscheint der Einsatz maschineller Lernverfahren besonders geeignet, da die ML-Modelle eine größere Datenmenge zum Erlernen der Muster für eine generalisierende Lösung erlernen. Insbesondere wird die Generalisierbarkeit in regelbasierten Systemen durch das Auftreten unterschiedlicher Bedingungen und hoher Vielfältigkeit stark eingeschränkt. In den Fallstudien wird deutlich, dass Schwankungen in einem Prozess den Pseudofehler der regelbasierten Prüfalgorithmen erhöhen. Hierbei wird bei der Prüfung des Faltenbalgs insbesondere die unterschiedliche Position des Faltenbalgs wegen Chargenschwankungen als eine wesentliche Ursache für den hohen

Pseudofehler ausgemacht. Eine weitere Ursache für temporär auftretende hohe Pseudofehlerquoten ist auf den Einfluss von Lichtbedingungen auf den Sensor zurückzuführen. Aus diesen Beobachtungen wird darauf geschlossen, dass mit zunehmender Varianz bei einer Qualitätssicherung die regelbasierten Systeme aufgrund mangelnder Generalisierbarkeit verstärkt zu Fehlern tendieren. Die Folge ist eine andauernde Parametrisierung der kodierten Regeln und Algorithmen, wobei dies aus Zeit- und Kostengründen vermieden werden muss. Als übergeordnete Hypothese zur Planung maschineller Lernverfahren wird somit die Varianz in einem Produktionsprozess als wesentliche Entscheidungsgrundlage abgeleitet und folgende Hypothese abgeleitet:

Planungshypothese 3
Wenn die Varianz in einem Prozessschritt durch inhärente oder äußere Einflüsse erhöht ist, dann können maschinelle Lernverfahren die zugrundeliegende Datenverteilung erlernen und sind aufgrund der höheren Anpassungsfähigkeit regelbasierten Systemen vorzuziehen.

Anhand der Fallstudien wird deutlich, dass die Varianz in einer Arbeitsfolge verschiedene Ursachen haben kann. Neben den genannten Ursachen aus der dritten Fallstudie, dass Chargenschwankungen, erhöhte Toleranzmaße bei der Halbzeugfertigung und Lichtbedingungen die Varianz erhöhen, sind in der fünften Fallstudie Schwankungen aufgrund des Fertigungsprozesses selbst zu beobachten.

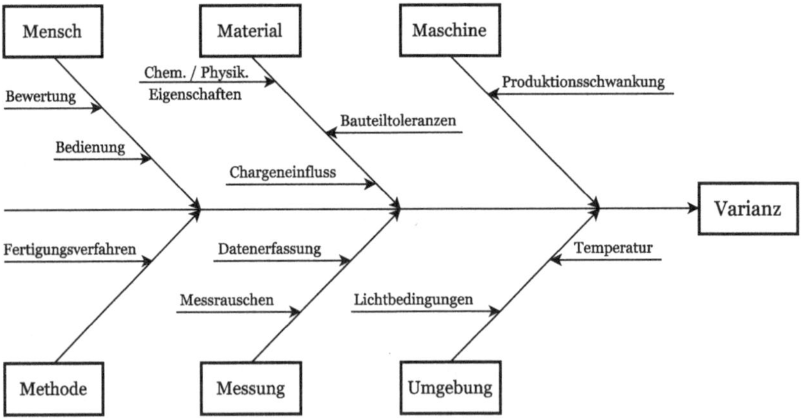

Abbildung 4.25 Ursachen-Wirkungs-Diagramm mit einer kategorisierten Einteilung von Einflussfaktoren auf die Varianz in der Produktion und damit einhergehender Komplexität der Qualitätsprüfung

Weitere denkbare Ursachen für eine erhöhte Varianz sind Schwankungen in der verwendeten Maschinen- und Anlagentechnik, sowie der menschliche Einfluss beispielsweise aufgrund schwankender Positionierung beim Einlegen von Bauteilen. In Abbildung 4.25 sind die beobachteten Ursachen für eine erhöhte Prozessvarianz in einem Ishikawa-Diagramm zusammengefasst. Die dargestellten Ursachen stellen die Basis der Entscheidungsgrundlage zur Planung maschineller Lernverfahren für Fertigungsanlagen dar.

4.4 Entwicklung einer Entscheidungsgrundlage zur Planung maschineller Lernverfahren

Anhand der Arbeitshypothesen wird ein Fragenkatalog erstellt, welcher in der Anlagenplanung die wesentlichen Entscheidungskriterien erfasst. Bei der entwickelten Vorgehensweise ist ein zentraler Bestandteil für die praktische Anwendung im industriellen Umfeld die Reduktion von Komplexität. Die entwickelte Entscheidungsgrundlage hat als Zielgruppe sowohl Experten aus dem Bereich Data Science als auch Anlagenplaner ohne spezifisches Fachwissen im Bereich maschineller Lernverfahren. Es wird bei der Bewertung keine Gewichtung vorgenommen, da diese zu einer erhöhten Komplexität führen und die Gefahr einer Verzerrung (engl. Bias) aufgrund subjektiver Eindrücke erhöhen. Zur Entscheidung werden die drei Planungshypothesen aus dem vorangegangenen Abschnitt verwendet und in sechs Kategorien unterteilt. Die abgeleiteten Fragen mit den Kriterien zur Bewertung sind in Tabelle 4.3 aufgelistet. Die Fragen dienen während der Anlagenplanung als wesentliche Kriterien zur Entscheidung, ob ein maschinelles Lernverfahren in einer Arbeitsfolge einem regelbasierten System vorzuziehen ist und einen Mehrwert generiert. Hierdurch soll der Planungsprozess bereits im Greenfield unterstützt werden.

Zunächst werden zur Unterstützung des Planungsprozesses die physikalischen Gegebenheiten evaluiert. Im Anschluss folgt der Einfluss der Dimension der Daten und deren Komplexität. Bei hochdimensionalen Prüfungen kann es Sinn ergeben, Verfahren des maschinellen Lernens, wie zum Beispiel Dimensionsreduktionen durch eine Hauptkomponentenanalyse, engl. Principal Component Analysis (PCA), zu verwenden. Zudem kann bei einem Zusammenspiel vieler Merkmale das Aufstellen von Regeln zu einer hohen Komplexität regelbasierter Prüfsysteme führen, weshalb in so einem Fall der Einsatz maschineller Lernverfahren in Betracht gezogen werden sollte. In den weiteren Fragen wird hauptsächlich die Varianz in einem Prozessschritt als Entscheidungskriterium bewertet, welche bspw. aufgrund wechselnder Umgebungsbedingungen oder Materialschwankungen erhöht sein kann. Zur

Tabelle 4.3 Zusammenfassung der Fragen zur Abfrage der Entscheidungskriterien für die Planung maschineller Lernverfahren in Fertigungsanlagen

Code	Kategorie	Bewertungskriterien	Bewertung
Q_1	Modell	Basiert die Vorhersage auf physikalischen Gleichungen/Größen?	1=vollständig 3=teils/teils 9=gar nicht
Q_2	Daten	Wie hoch ist die Komplexität und Dimension der Daten?	1=Univariat (D=1) 3=Multivariat ($D \leq 3$) 9=Multivariat ($D > 3$)
Q_3	Prüfung	Wie variantenreich ist das i.O.-Bauteil einzuschätzen?	1=gar nicht 3=mäßig 9=hoch
Q_4	Material	Haben Materialschwankungen Einfluss auf die Vorhersage?	1=ausgeschlossen 3=mäßig 9=hoch
Q_5	Prozess	Ist das Produktionsverfahren stabil und wiederholgenau?	1=sehr stabil 3=kleine Abweichungen 9=Toleranzbehaftet
Q_6	Umgebung	Können äußere Bedingungen die Vorhersage beeinflussen?	1=kein Einfluss 3=kleiner Einfluss 9=hoher Einfluss

Bewertung wird eine Skala (1–3–9) aus dem Qualitätsmanagement (Six Sigma) verwendet [19]. Die Werte werden anschließend addiert, wobei bei niedrigen Werten regelbasierte Systeme und bei hohen Werten maschinelle Lernverfahren zu verwenden sind. Aufgrund der gewählten Skala kommt es nur bei besonders ausgeprägten Bewertungen zu einem hohen Scoring und somit zu der Entscheidung für ein maschinelles Lernverfahren.

4.5 Anwendung der Entscheidungsgrundlage

Das Planungstool zur Unterstützung des Entscheidungsprozess zur Auswahl geeigneter Anwendungsfälle für maschinelle Lernverfahren ist vorrangig für das Greenfield ausgelegt und wird in dem ersten Abschnitt anhand realer Anwendungsfälle getestet. Neben den vier Fallstudien werden zur Validierung der methodenbasierten Entscheidungsgrundlage auch Fertigungsprozesse aus der additiven Fertigung, der Ausschussreduktion beim MIG-Schweißprozess und aus der Batterieprüfung verwendet. Hierdurch soll eine Überanpassung des Planungstools vermieden und die

Generalisierbarkeit der Entscheidungshilfe überprüft werden. Im Anschluss werden noch wesentliche Anpassungen des Entscheidungsrahmens zur Planung maschineller Lernverfahren im Brownfield beschrieben.

4.5.1 Anwendung der Entscheidungskriterien

Die methodenbasierte Planung von ML-Verfahren für einzelne Arbeitsfolgen wird im Folgenden anhand verschiedener Fallbeispiele durchgeführt und die jeweilige Entscheidung diskutiert. In Tabelle 4.4 sind die Bewertungen für die untersuchten Anwendungsfälle anhand der Entscheidungsgrundlage aus Abschnitt 4.4 dargestellt. Es werden die vier direkt untersuchten Arbeitsfolgen aus den Fallstudien bewertet. Zudem werden zwei weitere mögliche Anwendungsfälle bewertet. Die fünfte Fallstudie stammt aus der MEB-Batteriegehäusefertigung und beinhaltet die Prädiktion der Schweißbarkeit beim MIG-Schweißen von Gehäuserahmen zur Verminderung

Tabelle 4.4 Die Bewertungen der Entscheidungsgrundlage zur Unterstützung der Planung maschineller Lernverfahren in der Fertigung für sechs unterschiedliche Anwendungen aus dem Bereich der Qualitätssicherung

Code	Bewertungskriterien	ABS-Sensor	Bohrlochprüfung	Faltenbalgprüfung	Dichtmittelauftrag	Schweißvorhersage	PBF-LB/M
Q_1	Basiert die Vorhersage auf physikalischen Gleichungen/Größen?	1	3	3	1	9	9
Q_2	Wie hoch ist die Komplexität und Dimension der Daten?	1	3	9	3	3	9
Q_3	Wie variantenreich ist das i.O.-Bauteil einzuschätzen?	1	1	9	1	3	3
Q_4	Haben Materialschwankungen Einfluss auf die Vorhersage?	1	3	9	3	3	3
Q_5	Ist das Produktionsverfahren stabil und wiederholgenau?	1	1	9	3	9	9
Q_6	Können äußere Bedingungen die Vorhersage beeinflussen?	3	3	3	3	3	1
$\sum$		8	14	42	14	29	34

von Ausschuss. Ein weiterer Anwendungsfall kommt aus dem Bereich der additiven Fertigung (3D-Druck) metallischer Bauteile mittels Laser Powder Bed Fusion Metal (PBF-LB/M). Die dritte und fünfte Fallstudie zeigen in der Bewertung ein hohes Potential für den Einsatz eines maschinellen Lernverfahrens. Dieses deckt sich mit den Analysen aus der Fallstudienanalyse. Zusätzlich wird für ein Prozessmonitoring des PBF-LB/M die Verwendung eines ML-Verfahrens durch die eingeführte Methode vorgeschlagen.

Die kumulierte Bewertung kann als Grundlage für eine Entscheidung über die Verwendung eines regelbasierten Systems oder eines maschinellen Lernverfahrens in der spezifischen Qualitätssicherung genutzt werden. Bei einem niedrigen Ergebnis ist die Verwendung eines regelbasierten Systems einzuplanen und bei hohen Werten ein maschinelles Lernverfahren. Hierbei gibt es bestimmte Übergangsbereiche, bei denen anhand der hoch bewerteten Kriterien eine Entscheidung getroffen werden muss. Der kumulierte Skalenbereich liegt zwischen 6 und 54, wobei aufgrund der verwendeten Bewertungsskala von 1-3-9 kombinatorisch vorrangig Werte unterhalb von 18 erreicht werden. Erst bei Werten oberhalb von 18 sollte die Verwendung eines maschinellen Lernverfahrens in Betracht gezogen werden, da ab diesem Wert mindestens ein Kriterium mit einer neun bewertet ist. Dies stellt einen Hinweis für eine hohe Anfälligkeit gegenüber Fehlern durch regelbasierte Systeme dar, weshalb verstärkt maschinelle Lernverfahren mit einem datengetriebenen Ansatz zu bevorzugen sind. Umso stärker diese Tendenz ausgeprägt ist, desto eher ist die Verwendung eines ML-Verfahrens empfehlenswert. Für eine Entscheidung hinsichtlich der Modellierung ist zu beachten, dass sogenannte hybride Modelle, also eine Kombination von ML-Verfahren und regelbasierten Ansätzen, in zahlreichen Anwendungsfällen eine hohe Performance und Generalisierung aufweisen [83, 122–125]. Bei einer Bewertung im mittleren bis oberen Skalenbereich ist die Entwicklung solcher hybrider Modelle zumindest zu prüfen. Ein Beispiel hierfür kann der Zwischenschritt einer Objekterkennung sein, welche durch programmierte Regeln nur schwer durchführbar ist und durch ein ML-Modell (z. B. YOLO-Modell [126]) mit einer höheren Performance gelöst werden kann. Eine anschließende Prüfung der Geometrie kann nach dem Zwischenschritt durch eine regelbasierte Prüfung kodiert werden.

4.5.2 Ergänzung der Entscheidungsgrundlage für das Brownfield

Das häufigste Anwendungsszenario für die Anwendung maschineller Lernverfahren in der Fertigung stellt die Optimierung von Arbeitsfolgen in bestehenden Anlagen dar. Die generelle Herausforderung der korrekten Auswahl von Anwendungsfällen und einer Einschätzung der Eignung und des Optimierungspotentials durch ML-Verfahren bleibt bestehen. Im Unterschied zu der Planung für Greenfield-Anlagen existieren bereits Erfahrungen mit den Arbeitsfolgen, welche selbstverständlich in den Bewertungsprozess mit eingebracht werden müssen. Zusätzlich zu den eher technisch motivierten Kriterien aus dem Planungstool aus Abschnitt 4.4 muss die Integrierbarkeit eines ML-Systems in die Anlage vorab geprüft werden. Diese kann bei Greenfield-Anwendungen direkt durch entsprechende Planung abgesichert werden, wohingegen im Brownfield eine entsprechende IT-Infrastruktur nicht zwangsläufig gegeben ist. Eine nachträgliche Integration entsprechender Infrastrukur kann zu hohen Projektkosten führen. Bei der Durchführung von ML-Projekten im Brownfield muss in einer Kosten-Nutzen-Analyse der Mehrwert eindeutig erkennbar werden. In der Literatur ist eine nicht ausreichende Wirtschaftlichkeit ein wesentlicher Grund für das Scheitern von ML-Projekten im industriellen Umfeld [105, 117].

5 Entwicklung und Industrialisierung maschineller Lernverfahren

In diesem Kapitel wird eine entwickelte Methode zur Gewährleistung der Industrialisierbarkeit maschineller Lernverfahren in Fertigungsanlagen beschrieben. Hierfür werden zunächst die notwendigen Anforderungen an ML-Systeme in den jeweiligen Entwicklungsschritten definiert und die Auswirkungen unzureichender Erfüllung qualitativ erläutert. Zur Bestimmung des Erfüllungsgrades der definierten notwendigen Bedingungen wird die Methode der Unsicherheitsquantifizierung bei ML-Verfahren angewendet. Nach einer Einführung in die Thematik werden durch deduktiven Schluss Hypothesen abgeleitet, welche die notwendigen Bedingungen für die Industrialisierung des ML-Systems auf Basis der Quantifizierung von Unsicherheiten darstellen. Durch den beschriebenen Ansatz wird erstmals eine auf grundlegender, mathematisch-physikalischer Theorie basierende Aussage über die Industrialisierbarkeit eines ML-Systems in der frühen Entwicklungsphase ermöglicht.

5.1 Definition notwendiger Bedingungen für die Industrialisierung maschineller Lernverfahren

Zur Beantwortung der zweiten Forschungsfrage werden in diesem Abschnitt die notwendigen Bedingungen für eine Industrialisierung maschineller Lernverfahren in Fertigungsanlagen erläutert. Bei der Durchführung von ML-Projekten ist nach klassischen Prozessmodellen (u. a. CRISP-DM oder TDSP) zunächst ein Verständnis für den Anwendungsfall sicherzustellen, wobei spezifisches Domänenwissen für den technischen Anwendungsfall extrahiert wird. Dies ist gefolgt von der Datenanalyse und der Modellbildung [93, 127]. Diese wesentlichen Arbeitsschritte bei der Entwicklung von ML-Verfahren sind in dem Schaubild in Abbildung 5.1 dargestellt.

J. Voigt, *Beitrag zur Industrialisierung maschineller Lernverfahren in Fertigungsanlagen*, AutoUni – Schriftenreihe 180,
https://doi.org/10.1007/978-3-658-50177-8_5

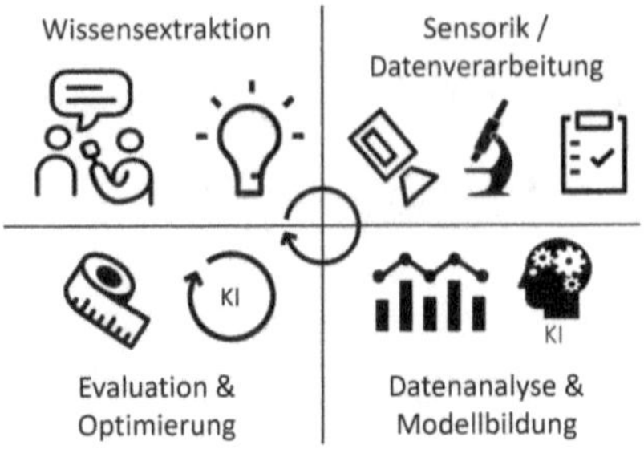

Abbildung 5.1 Ablaufdiagramm zu den wesentlichen Schritten bei der Entwicklung von ML-Systemen. (Nach [117])

Anhand des Schaubildes und den in Kapitel 3 beschriebenen Ursachen für eine ausbleibende Industrialisierung wird deutlich, dass frühzeitig der Grundstein für den Erfolg bzw. Misserfolg von ML-Projekten gelegt wird. In diesem Abschnitt werden zunächst die Auswirkungen mangelnder ingenieurtechnischer Expertise für einen spezifischen Anwendungsfall, unzureichender Datenqualität und fehlerhafter Modellbildung auf die Performance maschineller Lernverfahren in Fertigungsanlagen erläutert. Anhand dessen werden die notwendigen Bedingungen für die Industrialisierbarkeit maschineller Lernverfahren definiert.

5.1.1 Mangel an Interdisziplinärer Fachkenntnis

Die Voraussetzung der Einbindung von Domänenexpertise bzw. technischer Fachkenntnis im Entwicklungsprozess datenbasierter Verfahren ist in allen relevanten Prozessmodellen (z. B. CRISP-DM, TDSP) beschrieben [17, 93]. Bei der Entwicklung maschineller Lernverfahren für Fertigungsanlagen sind neben interdisziplinären Experten mit Kenntnissen aus dem Bereich Data Science und Ingenieurwesen auch Fachkenntnisse über die Anlagentechnik, Produktion und Planung notwendig. Die Auswirkungen mangelnder Expertise in den unterschiedlichen Fachdisziplinen ist vielfältig und betrifft alle Phasen des Entwicklungsprozesses. In Abbildung 5.2 wird der Einfluss der Fachdisziplinen auf die einzelnen technischen Entwicklungsschritte dargestellt. Hierbei zeigt sich, dass ML-Projekte in der Fertigungstechnik im höchsten Maße von Interdisziplinarität geprägt sind.

Bereits zu Beginn müssen alle Projektteilnehmer integriert und die Ziele des ML-Projekts klar definiert werden [128]. In einem nächsten Schritt müssen die ökonomischen und technischen Randbedingungen aufgrund der generellen Anforderungen der Fertigungsanlage definiert werden. Relevante Informationen für ein

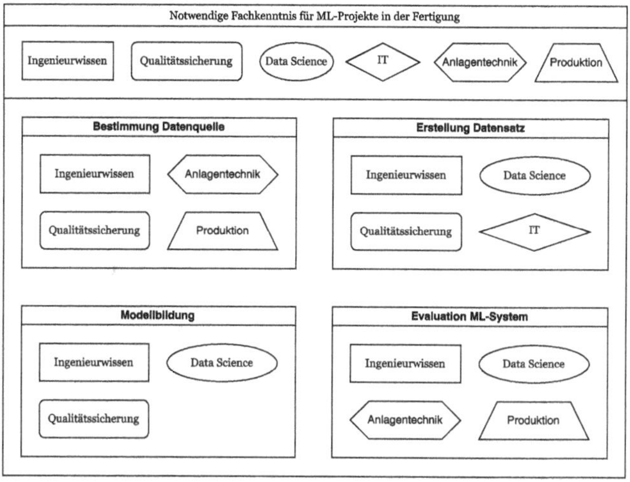

Abbildung 5.2 Die Darstellung zeigt die notwendige Expertise bei der Durchführung eines ML-Projekts und den Auswirkungen auf die einzelnen Komponenten des ML-Systems

ML-System können u. a. die Taktzeit, verfügbarer Bauraum für Sensorik, das Handling der Bauteile, definierte Schnittstellen oder auch die maximale Pseudofehlerquote sein. Bei der Auswahl der Sensorik ist die Evaluation der Messgenauigkeit und die eindeutige Bestimmung der Messfähigkeit für alle relevanten Defektmerkmale von zentraler Bedeutung. Die Datenquelle muss durch die zuständige Qualitätssicherung akzeptiert werden, da eine nicht akzeptierte Sensorik im späteren Projektverlauf zu hohen Kosten oder einem Projektabbruch führen. Bei der Beurteilung von Daten gibt es meist leicht erkennbare, eindeutige Defekte, aber auch solche, die einen Grenzfall darstellen und ein technisches Verständnis zur korrekten Bewertung benötigen. Somit nimmt die fachliche Expertise beim Annotieren der Daten direkten Einfluss auf die entstehenden Datensätze. Das Annotieren von Daten stellt einen zeitaufwendigen Prozess dar, weshalb unter wirtschaftlichen Gesichtspunkten dieser Prozess häufig von Arbeitern ohne Fachkenntnis durchgeführt wird und meist in Niedriglohnländer ausgelagert wird [91]. Bei mangelhafter zur Verfügung stehender Expertise oder Unkenntnis über die Relevanz dieses Prozessschritts besteht hierin eine grundlegende Ursache für eine geringe Qualität in Datensätzen [92]. Die Folgen mangelnder Messfähigkeit und inkonsistent/fehlerhaft annotierter Daten auf die Performance des ML-Systems werden im nachfolgenden Abschnitt erläutert. Die Ursachen für Misserfolg werden entsprechend aber bereits bei der Auswahl der Projektbeteiligten gelegt [128].

Neben diesen ML-spezifischen Bereichen stellen die Geschwindigkeit der Datenverarbeitung und die Verfügbarkeit notwendiger Schnittstellen Rahmenbedingungen für die Daten-Pipeline, wobei dies eine enge Abstimmung zwischen Anlagentechnik, Produktion und zuständiger IT bedarf. Trotz einiger Fortschritte in dem Bereich des automatischen maschinellen Lernens (Auto ML) ist die durchgängige Entwicklung der gesamten Daten-Pipeline und der entsprechenden ML-Modelle aktuell nicht absehbar [128]. Zahlreiche Studien weisen darauf hin, dass der Mangel an Experten mit interdisziplinären Kompetenzen auf dem Gebiet des Data Science (u. a. Entwicklung des ML-Verfahrens) und Ingenieurstechnischer Expertise die größte Hürde für die Entwicklung maschineller Lernverfahren in der Fertigungstechnik darstellt [3, 100, 101]. Die Auswahl der Basis-Modelle und möglicher Modellierungsarten bleibt wesentlicher Bestandteil der Entwicklungsphase, wobei ein tiefgreifendes Verständnis für den spezifischen Anwendungsfall einen wesentlichen Erfolgsfaktor darstellt [128]. Somit wird die Zusammenstellung eines interdisziplinär aufgestellten Teams mit Fachexperten aus allen relevanten Bereichen als eine notwendige Voraussetzung für die Durchführung eines ML-Projekts definiert.

5.1.2 Bedeutung der Qualität des Datensatzes

Die Grundlage für die Verwendung maschineller Lernverfahren bilden Daten, anhand derer ML-Modelle trainiert werden. Der Einfluss des Datensatzes (D) auf die erreichbare Performance wurde in zahlreichen Studien untersucht, wobei diesem häufig eine größere Bedeutung als den eigentlichen ML-Modellen zugeschrieben wird [111, 129, 130]. Obwohl die Auswirkungen des Datensatzes auf die Performance von ML-Modellen grundsätzlich bekannt sind, ist die Sicherstellung ausreichender Datenqualität und Datenquantität ein weniger beachteter Aspekt bei der Entwicklung maschineller Lernverfahren [22]. Der überwiegende Anteil an wissenschaftlichen Publikationen und Veröffentlichungen rückt die Entwicklung neuer, meist spezifischer ML-Modelle in den Fokus, wobei dieses Vorgehen als Model-Centric AI (deutsch: Modellzentrierte KI) bekannt ist [131–133]. Ein durch Andrew Ng (weltweit anerkannter KI-Experte) populär gewordener Ansatz, bei dem der Datensatz bei der Entwicklung von ML-Verfahren stärker in den Fokus rückt, ist Data-Centric AI (deutsch: Datenzentrierte KI) [111]. Zentraler Aspekt von Data-Centric AI ist die Vereinheitlichung der ML-Modelle und der Daten zu einem ML-System (= Datensatz & ML-Modell), wobei insb. die Optimierung des Datensatzes zentraler Gegenstand der Entwicklungsarbeit wird. In verschiedenen Anwendungen konnte eine höhere Performance des ML-Systems durch eine Optimierung des Datensatzes erreicht werden als durch eine Anpassung der ML-Modelle [22, 111]. Die praktische Umsetzung sieht meist das gezielte Sampling (Erhebung) von unterrepräsentierten Datenklassen mit niedrigen Erkennungsquoten bei einem fest definierten ML-Modell vor.

In der Regel sind die erhaltenen Datensätze aus Fertigungsanlagen verhältnismäßig klein und unausgeglichen, d. h. dass die Klassen in dem Datensatz ungleich verteilt vorliegen. Die ML-Modelle neigen insb. bei solchen Datensätzen zu Overfitting und sind anfällig gegenüber Rauschen in den Daten [134]. Es gibt unterschiedliche Verfahren zum Training maschineller Lernverfahren bei unausgeglichenen Datensätzen (engl. Imbalanced Data). Eine Methode zur Optimierung des Trainings bei unausgeglichenen Daten ist Synthetic Minority Oversampling Technique (SMOTE), bei dem ein Upsampling durch Interpolation zwischen einzelnen Datenpunkten der unterrepräsentierten Klasse durchgeführt wird [135]. Weitere Möglichkeiten sind u. a. die Augmentierung von Daten zur Erweiterung des Datensatzes und Steigerung der Robustheit der Modelle oder die spezielle Gewichtung der Klassen in dem Kostenfunktional [136, 137]. Diese Verfahren sind allerdings ungeeignet, bisher unbekannte Arten von Defekten in die Datensätze einzubringen. Die auftretenden Defekte bei einem Bauteil müssen entsprechend beschrieben und auch in dem Datensatz repräsentiert sein, weshalb die repräsentierten Defektarten kritisch zu hinterfragen sind.

Bei der Qualitätssicherung von Bauteilen werden in der Regel Sensoren oder bildgebende Verfahren verwendet. Bei Sensordaten handelt es sich um erfasste physikalische Werte wie beispielsweise einem Stromdurchfluss für ein Bauteil. Bei bildgebenden Prüfungen werden zur Inspektion der Oberfläche entweder 2D-Kameras oder eine Sensorik zur Erfassung der Oberflächentopologie (3D-Sensorik) verwendet. Eine weitere Möglichkeit stellt die Erfassung von inneren Defekten wie Lunkern (Hohlraum bei Gussbauteilen) oder Rissen u. a. mittels Computertomographie (CT), Wirbelstromverfahren oder Schallanalyse dar. Eine notwendige Bedingung für die Gewährleistung der Industrialisierbarkeit maschineller Lernverfahren ist die eindeutige Messfähigkeit aller relevanten Defektmerkmale für eine Klassifikation. Entscheidend ist hierbei die Gewährleistung der Messfähigkeit auch bei wechselnden Umgebungsbedingungen zwischen Entwicklungsumgebung und nach der Integration in die Fertigungsanlage [53, 110, 113]. Die Gewährleistung der Messfähigkeit und Performance des ML-Systems bei einem Wechsel von Entwicklungsumgebung in die reale Produktion stellt eine Hauptursache für Misserfolg bei der Durchführung von ML-Projekten dar.

5.1.3 Anforderungen an die maschinellen Lernverfahren

Bei der Herstellung von Bauteilen in Fertigungsanlagen müssen die erzeugten Produkte den vorab definierten Qualitätsmerkmalen genügen. Bei einer regelbasierten Prüfung werden bei univariaten Merkmalen Schwellwerte definiert, welche zur Klassifikation der Bauteile in i.O./n.i.O. verwendet werden. Wie in Kapitel 4 bereits hergeleitet ist die Verwendung maschineller Lernverfahren für solche Prüfaufgaben ungeeignet. Die datenbasierten Modelle eignen sich hingegen vielmehr zum Erlernen komplexer Zusammenhänge, wie sie beispielsweise bei multivariaten Sensordaten oder in der Bildverarbeitung vorkommen. Hierzu werden die ML-Modelle anhand eines Trainingsdatensatzes trainiert, wobei dieser einer bestimmten Verteilung unterliegt. Wie bereits in der Einleitung beschrieben ist die Vorhersage von maschinellen Lernverfahren eher eine Hypothese auf der Grundlage eines Datensatzes, wobei unter statistischer Betrachtung eine solche Vorhersage mit einer gewissen Unsicherheit behaftet ist [7]. Bei maschinellen Lernverfahren und insb. neuronalen Netzen zeigt sich allerdings, dass die Angabe von Unsicherheiten in der Vorhersage nicht korrekt bestimmt wird. Bei Ausreißern (OoD, engl. Out-of-Distribution) neigen ML-Modelle unter der Angabe hoher Konfidenzwerte zu fehlerhaften Vorhersagen [110, 138, 139]. Für den sicheren Betrieb maschineller Lernverfahren in Fertigungsanlagen müssen unsichere Zustände, zum Beispiel durch eine Verschiebung der Datenverteilung (engl. Distribution shift), sicher erkannt werden. Hierdurch lässt sich die Absicherung gegenüber Unsicherheiten durch das Verhalten der ML-Modelle als eine notwendige Bedingung für die Industrialisierung maschineller Lernverfahren definieren. Bei Nichterreichbarkeit dieses Ziels kann ein ML-Modell nicht sicher betrieben werden, wodurch die Industrialisierbarkeit eingeschränkt wird. Aus diesem Grund müssen frühzeitig ML-Modelle entwickelt werden, welche einen sicheren Betrieb gewährleisten.

Eine wesentliche Ursache für eine geringe Akzeptanz und damit einhergehend geringe Industrialisierungsquote stellt die Erklärbarkeit der Vorhersagen maschineller Lernverfahren dar [100]. In der Forschung zu erklärbarer künstlicher Intelligenz (XAI, engl. explainable artifical intelligence) wird zwischen Nachvollziehbarkeit und Interpretierbarkeit unterschieden. Die Interpretierbarkeit beschreibt die Transparenz der durchgeführten Berechnungen für eine Vorhersage anhand der Eingangsmerkmale und der Modellparameter. Nachvollziehbarkeit hingegen beschreibt die Erkennung der Ursachen in den Eingangsdaten, welche zu einer bestimmten Vorhersage führen. Dies findet allerdings ohne die direkte, konkrete Verfolgung der gesamten Berechnung statt [140–143]. Mit zunehmender Anzahl an Modellparametern und Nichtlinearität steigt die Komplexität von ML-Modellen, wodurch zum einen immer komplexere Zusammenhänge erlernt werden können. Zum anderen sinkt allerdings die Interpretierbarkeit für die tatsächlich durchgeführten Berechnungen für eine bestimmte Vorhersage. In Abbildung 5.3 ist schematisch der Zusammenhang zwischen Interpretierbarkeit und Komplexität und damit erreichbarer Performance dargestellt [144]. Bei der Verwendung komplexer ML-Modelle sind die Ergebnisse nicht interpretierbar sondern nur nachvollziehbar.

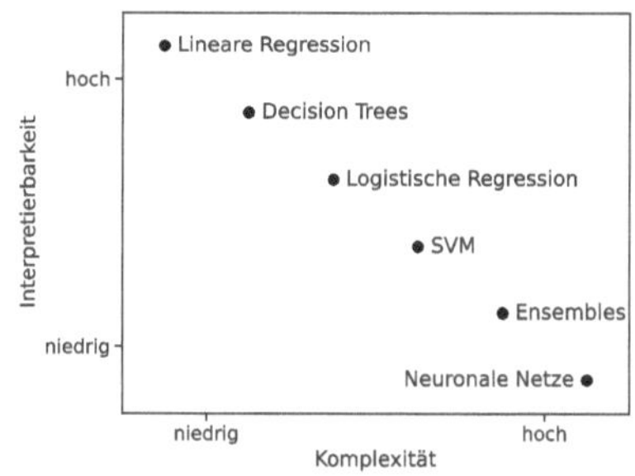

Abbildung 5.3 Die Darstellung zeigt qualitativ den Zusammenhang zwischen der abbildbaren Komplexität und der Interpretierbarkeit für eine Auswahl von maschinellen Lernverfahren. (Nach [144])

In Studien konnte gezeigt werden, dass CNNs trotz hoher Genauigkeit irrelevante Merkmale zur Klassifikation verwenden [145]. Aus technischer Sicht muss dementsprechend die Ursache für eine Einteilung nachvollziehbar sein, damit die korrekte Arbeitsweise des maschinellen Lernverfahrens verifiziert ist [142, 146, 147]. Für die Anwendung maschineller Lernverfahren in der Fertigungstechnik ist neben einer technischen Betrachtungsweise auch die Akzeptanz von ML-Verfahren wichtig, wobei diese durch die Anwendung von erklärbarer künstlicher Intelligenz gesteigert wird [110]. Somit ist die Nachvollziehbarkeit der verwendeten ML-Modelle eine weitere notwendige Bedingung für die Industrialisierung maschineller Lernverfahren. Für spezifische Anwendungen kann zudem eine Interpretierbarkeit erforderlich sein, wobei dadurch die Auswahl an ML-Modellen und damit die erreichbare Performance bei komplexen Aufgaben eingeschränkt wird. Dies kann auch ein Ausschlusskriterium für die Verwendung maschineller Lernverfahren in bestimmten Anwendungen darstellen.

Bei hybriden Modellen ist zumindest die Nachvollziehbarkeit insbesondere in dem verwendeten maschinellen Lernverfahren zu prüfen. Bei den regelbasierten Modellen/Algorithmen ist die Verarbeitung zwischen Eingangs- und Ausgabedaten in dem zugrundeliegenden Programmcode hinterlegt, wodurch die Interpretierbarkeit, wenn auch unter teils großem Aufwand, gegeben ist. Die Methoden zur

Gewährleistung der Erklärbarkeit maschineller Lernverfahren sind in Abschnitt 5.3 erläutert.

5.2 Unsicherheiten in maschinellen Lernverfahren

Ein wenig berücksichtigter Aspekt in der Entwicklungsphase maschineller Lernverfahren für Fertigungsanlagen ist die Quantifizierung von Unsicherheiten zur Bewertung der Industrialisierbarkeit. Bei ML-Verfahren und Systemen wird zwischen der aleatorischen (aleat.) und epistemischen (epist.) Unsicherheit unterschieden. Die aleatorische Unsicherheit (AU) beschreibt den nicht reduzierbaren Fehler bei der Vorhersage eines ML-Modells aufgrund von Messrauschen oder eines stochastischen Prozesses. Die epistemische Unsicherheit (EU) hingegen beschreibt den Vorhersagefehler aufgrund mangelnden Wissens über einen Sachverhalt, welcher durch gezielte Optimierung des Datensatzes oder Anpassung der ML-Modelle reduziert werden kann. Trotz zahlreicher Forschungsarbeiten zur Bestimmung des epist. Fehlers in ML-Modellen wurde eine systematische Evaluierung beider Fehlerarten in der Entwicklungsphase von ML-Systemen für Fertigungsanlagen bisher nicht beschrieben [148]. In dieser Forschungsarbeit wird eine Unterscheidung zwischen beiden Fehlerarten auf der Ebene des ML-Systems durchgeführt, um frühzeitig die Limitation des Systems anhand des aleat. Fehlers abschätzen und damit eine Aussage über die Industrialisierbarkeit tätigen zu können. In Abbildung 5.4 ist die aleat. und epist. Unsicherheit am Beispiel der Modellierung eines verrauschten, sinusförmigen Signals dargestellt.

Am oberen Bildbereich ist die Verteilung der Trainingsdaten X dargestellt und rechts die Verteilung des Abbildungsbereich (Y) für die Messwerte (y_i). Die Messwerte für das Datensignal entsprechen der Funktion: $y_0 = f(x) + \epsilon$. Hierbei ist $f(x)$ die Zielfunktion und ϵ die Streuung im Datensatz. Die Vorhersagen des trainierten neuronalen Netzes ($\hat{f}_{NN}$) zeigen innerhalb der Trainingsdaten eine große Übereinstimmung mit der Zielfunktion $f(x)$. In den Randbereichen und außerhalb der Verteilung der Trainingsdaten kommt es zu einer Abweichung zwischen $f(x)$ und $\hat{f}_{NN}(x)$, wobei diese auf Unkenntnis des Modells über die Zusammenhänge in den entsprechenden Datenbereich zurückzuführen ist. Die mittlere epistemische Unsicherheit ($\bar{EU}$) für die Modellvorhersage ist definiert durch [149]:

$$\bar{EU} = \sqrt{\frac{1}{N}\sum_{i=1}^{N}(\hat{f}_{NN}(x_i) - f(x_i))^2} \tag{5.1}$$

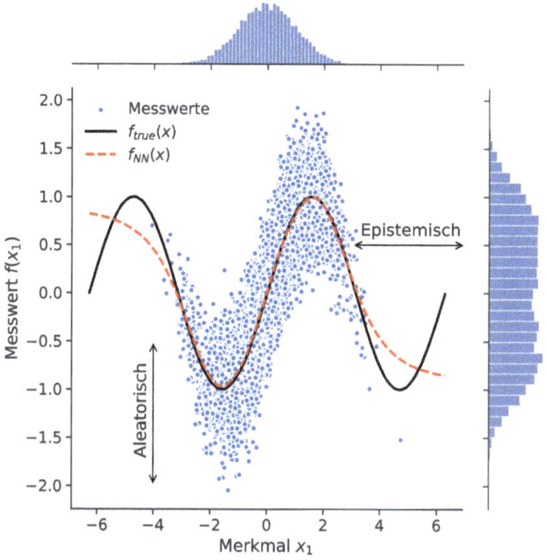

Abbildung 5.4 Die Darstellung zeigt die aleat. und epist. Unsicherheit bei einer Regression durch ein neuronales Netz (MLP) anhand eines normalverteilten Merkmals

Durch die Bildung des Mittelwerts können einzelne große Abweichungen unerkannt bleiben. Aus diesem Grund ist zudem ein Set-basierter Vergleich, d. h. eine Prüfung auf große Abweichungen zwischen $\hat{f}_{NN}(x_i)$ und $f(x_i)$ bei einem definierten x_i empfehlenswert [7]. Innerhalb der Trainingsdaten kommt es zusätzlich zu einem nicht reduzierbaren, aleatorischen Fehler. Diese Abweichung zwischen der Zielfunktion und dem wahren Messwert entspricht dem Messrauschen ϵ und definiert die mittlere aleatorische Unsicherheit ($\bar{AU}$) gemäß [149]:

$$\bar{AU} = \sqrt{\frac{1}{N}\sum_{i=1}^{N}(y_i - f(x_i))^2} \tag{5.2}$$

Die aleatorische Unsicherheit wird des weiteren in homoskedastische und heteroskedastische Unsicherheit unterteilt, was entweder eine konstante oder veränderliche Streuung über einen Merkmalsraum beschreibt. Bei heteroskedastischer AU ist eine Mittelwertbildung über den Merkmalsraum (X) ungeeignet, da so die Güte der Vorhersage für bestimmte Bereiche überschätzt wird. Stattdessen eignet sich die Bestimmung der AU für lokale Bereiche innerhalb des Merkmalsraumes. Hierdurch kann die Güte der Modellvorhersage für die unterschiedlichen Bereiche abgeschätzt und die Kompetenzbereiche des Modells bestimmt werden. Die Einteilung in aleatorische bzw. epistemische Unsicherheit bei ML-Systemen besitzt keine universelle Gültigkeit und kann sich je nach Situation verändern, wie es beispielhaft in Abbildung 5.5 dargestellt ist [7, 150].

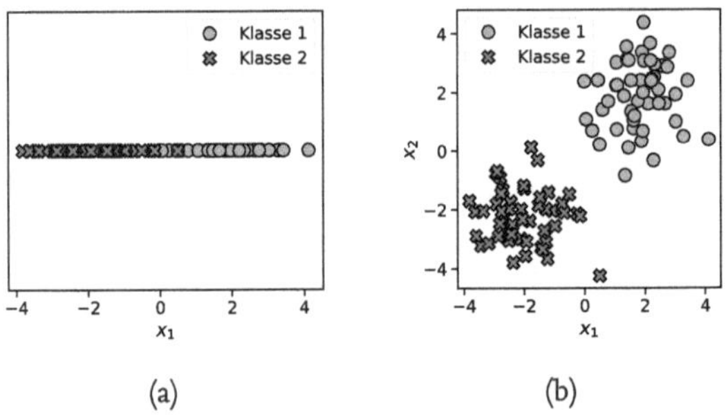

Abbildung 5.5 Die Darstellung zeigt beispielhaft die Änderung der aleat. Unsicherheit bei einer Klassifikation durch Hinzufügen eines weiteren Merkmals. (Nach [7])

In Abbildung 5.5 (a) kommt es bei der Nutzung eines Merkmals zu einem Überlappungsbereich zwischen den zwei Klassen und damit zu einer aleatorischen Unsicherheit bei der Vorhersage. Bei der Verwendung eines weiteren Merkmals (x_2), z. B. durch die Integration weiterer Sensorik, lassen sich die beiden Klassen klar unterscheiden und die aleatorische Unsicherheit verschwindet (siehe Abb. 5.5 (b)) [7]. Damit eine Vollständigkeit der eingeführten Methode gelingt, wird in dieser Arbeit eine System-theoretische Sichtweise eingenommen [151]. In dieser Arbeit wird die aleatorische Unsicherheit als der nicht reduzierbare Anteil innerhalb einer festgelegten Zusammenstellung von Systemkomponenten (insb. Sensorik und ML-Modell) definiert. Hierdurch wird der Argumentation von Kiureghian und Ditlevsen gefolgt, nach denen eine Quantifizierung von Unsicherheiten nur innerhalb festgelegter Grenzen eines Modells eindeutige Gültigkeit besitzt [150]. Für das oben eingeführte Beispiel würde entsprechend jede Situation einzeln betrachtet und der aleatorische Anteil entsprechend bewertet/quantifiziert werden. In Tabelle 5.1 sind die entstehenden Fehlerarten mit einer Einteilung in die aleat. bzw. epist. Unsicherheit für die Bestandteile des ML-Systems aufgelistet.

Tabelle 5.1 Auflistung der auftretenden Unsicherheiten in maschinellen Lernverfahren mit Einteilung nach Art des Fehlers und der Unsicherheit

Entwicklungsschritte	Art des Fehlers	Art der Unsicherheit
Datenerhebung	Systematisch Statistisch	Epistemisch Aleatorisch
Datenmanagement	Metadaten Annotationen	Epistemisch Aleatorisch/Epistemisch
Datenvorverarbeitung	Dimensionsreduktion Merkmalsextraktion	Epistemisch Epistemisch
Modellbildung	Vorhersage Modellparameter	Aleatorisch/Epistemisch Epistemisch

Unter physikalischer Betrachtungsweise kommt es bei einer Datenerhebung sowohl zu einem systematischen als auch statistischen Fehler in der erhobenen Messgröße. Der statistische Fehler kann durch Wiederholung einer Messung unter gleichen Bedingungen bestimmt werden und definiert maßgeblich die AU in einem ML-System. Der systematische Fehler bei einer Datenerfassung entsteht durch mangelnde Kenntnis über einen Sachverhalt (z. B. Fehler im Modellparameter der Messfunktion) und ist damit epist. Art. In einem physikalischen System entsteht zudem ein systematischer Fehler aleat. Art bei fehlerhaftem Messaufbau, da dieser in dem abgeschlossenen System nicht mehr reduzierbar ist [152]. Die Messrichtigkeit (μ_R) beschreibt die Differenz zwischen Messwert und dem tatsächlichen Wert eines Merkmals (x). Die Messpräzision beschreibt den Messbereich, in dem sich die Werte befinden und wird unter der Annahme normalverteilter Messdaten durch die Standardabweichung (σ_M) angegeben. Die bisher erläuterten Beschreibungen zur AU sehen vorrangig in der Erfassung des vorherzusagenden Werts (y) die Ursache für Vorhersagefehler begründet, wobei meist eine modellzentrierte Perspektive eingenommen wird. Bei einem datenzentrierten Entwicklungsansatz liegt der Fokus verstärkt auf der Datenerhebung und dem Datensatz. Die beschriebene Messunsicherheit bei den Eingangsdaten (x) propagiert bei ML-Systemen durch die einzelnen Datenverarbeitungsschritte hindurch und bildet einen nicht reduzierbaren Fehler. Somit ist der aleat. Fehler direkt proportional zum Messfehler. Zudem kommt es bei geringer Messrichtigkeit zu einem aleat., systematischen Fehler, wodurch falsche Zusammenhänge in dem Datensatz repräsentiert sind. Zu einem solchen Fehler kann es, neben unzureichender Messfähigkeit, auch aufgrund des Einflusses äußerer Bedingungen kommen, z. B. aus Unkenntnis über derartige Faktoren.

Bei der Übertragung eines ML-Systems von einer Entwicklungsumgebung in die Fertigung ist dies besonders entscheidend [149, 152, 153].

Bei der Erstellung des Datensatzes werden Daten gesammelt und durch Menschen annotiert. Das Annotieren ist ein zentrales Element bei der Entwicklung von ML-Verfahren und benötigt meist ein technisches Verständnis über den spezifischen Anwendungsfall. Die Konsistenz und Qualität der vergebenen Labels hat gerade in kleinen, unausgeglichenen Datensätzen einen großen Einfluss auf die Performance des ML-Systems [154]. Ein geringes technisches Verständnis über den spezifischen Anwendungsfall oder mangelnder Fokus auf diesen Arbeitsschritt führen in dem Datensatz zu einem epist. Fehler. Eine nachträgliche Optimierung von Labels ist unter hohem Aufwand und damit verbundenen Kosten möglich, kann aber auch zu einem Nichterreichen der Projektziele führen. Unter der Prämisse korrekt vergebener Labels kommt es in Datensätzen aber auch häufig zu AU. Das Beispiel aus Abbildung 5.5 (a) zeigt einen Überlappungsbereich bei der Klassenzugehörigkeit der Daten. Somit wird eine Vorhersage stochastisch und es müssen Wahrscheinlichkeiten bei der Klassifikation angegeben werden. Dies muss durch die ML-Modelle abgebildet werden, wie beispielsweise durch Bayes'sche neuronale Netze [155] oder Fuzzy-Modelle [156, 157]. Bei der Verarbeitung von Daten in Pipelines wird häufig Merkmalsextraktion oder Dimensionsreduktion durchgeführt. Hierbei können wesentliche Informationen verloren gehen, was sich als Mangel an Information ausdrückt. Ein Beispiel hierfür ist die Anwendung einer PCA, wobei relevante Informationen für eine Anomalie- und Defekterkennung auch in hinteren Hauptkomponenten enthalten sein können und unter Umständen nach einer Dimensionsreduktion nicht mehr zur Verfügung stehen [158].

5.2.1 Aleatorische Unsicherheit in der Entwicklungsphase

In der Praxis zeigt sich, dass die Bestimmung der Unsicherheit bei Vorhersagen maschineller Lernverfahren keine triviale Aufgabe ist. Ein maßgeblicher Ausgangspunkt für aleatorische Unsicherheit liegt in der Datenerhebung, da jedes Messsystem/Sensorik einen statistischen Fehler (Messunsicherheit) in die erhobenen Daten einbringt. Diese Eigenschaft des Sensors wird somit zu einer inhärenten Eigenschaft des ML-Systems und stellt die mathematische Limitation bei den Vorhersagen durch das ML-Modell dar. Die statistische Messunsicherheit propagiert durch die Datenverarbeitungsschritte und verbleibt anschließend in der Modellvorhersage. Aus dieser Herleitung wird die erste Hypothese (H_1) zur Gewährleistung der notwendigen Bedingungen für eine erfolgreiche Industrialisierung aufgestellt.

Hypothese 1
Wenn die aleatorische Unsicherheit der limitierende Faktor in ML-Modellen ist, dann kann die erreichbare Modellperformance durch eine Evaluation der Unsicherheit in der Sensorik und Daten in frühen Projektphasen bestimmt werden.

Die erreichbare Performance des ML-System kann nach dieser Evaluation mit den definierten Projektzielen abgeglichen werden. Hierdurch können ML-Projekte ohne Erfolgsaussichten frühzeitig abgebrochen und kostenintensive Entwicklungsarbeit vermieden werden. Die erarbeitete Methodik bietet somit die Möglichkeit in der frühen Entwicklungsphase eine definitive Aussage über die Erreichbarkeit der Projektziele zu treffen.

Eine weitere Quelle aleatorischer Unsicherheit ist der unterschiedliche Ausgang eines Prozesses bei gleichen Eingangsdaten. In Regressionsmodellen ist dies durch die Varianz der Datenverteilung definiert. Bei Klassifikationsmodellen entsteht in einem gleichbleibenden Merkmalsraum ein Überlappungsbereich mit unterschiedlichen Klassenzugehörigkeiten der Daten (siehe Abbildung 5.5 (a)). Diese Art der Unsicherheit ist insb. auch bei menschlich annotierten Datensätzen enthalten, da beispielsweise die subjektive Kategorisierung von i.O./n.i.O.-Bauteilen oder Bildern häufig zu unscharf getrennten Abbildungsbereichen der vergebenen Labels führt (vgl. Kapitel 2). Es gibt aber auch Prozesse, die unter (scheinbar) gleichen Bedingungen einen anderen Ausgang haben, wie es in Kapitel 4 für Schweißprozesse beschrieben ist. Komplexe, probabilistische Zusammenhänge lassen sich eher durch einen datenbasierten Ansatz modellieren, weshalb der beschriebene Aspekt in vielen ML-Projekten auftritt. Aus dieser Herleitung wird eine zweite Hypothese abgeleitet, anhand derer die Industrialisierbarkeit zu prüfen ist.

Hypothese 2
Wenn in einem (annotierten) Datensatz ein unscharfer Übergangsbereich der Klassenzugehörigkeit existiert, dann muss dieser durch probabilistische Modellvorhersagen berücksichtigt werden und den technischen Anforderungen für die Industrialisierung genügen.

Der Aspekt der unscharfen Übergänge ist entweder die Folge des probabilistischen Ausgangs eines Fertigungsschritts oder auf die subjektive, unscharfe Annotation des Datensatzes zurückzuführen. Unter der Prämisse eines korrekt annotierten Datensatzes muss der Bereich überlappender Eingangsdaten evaluiert und der daraus resultierende Vorhersagefehler abgeschätzt werden. In Fertigungsanlagen werden (nahezu) ausschließlich Pseudofehler durch automatisierte Prüfsysteme toleriert. Dieser Pseudofehleranteil kann anhand des Datensatzes und einer entsprechenden Modellierung abgeschätzt werden, wobei dieser Anteil mit den spezifizierten Anforderungen bzgl. der Pseudofehlerquote verglichen wird. In der Praxis werden bei hohen Pseudofehlerquoten technische Systeme meist durch eine manuelle Sichtkontrolle ersetzt. Die Verifizierung des auftretenden Pseudofehlers stellt somit eine notwendige Bedingung für die Industrialisierung von ML-Systemen aufgrund praktischer Arbeitsweisen in Fertigungsanlagen dar. In der heutigen Massenproduktion werden in einzelnen Arbeitsfolgen sich wiederholende Prozessschritte durchgeführt. Die Schwankungen in einem Prozess unter gleichen Bedingungen und Prozessparametern entsprechen der aleat. Unsicherheit, woraus eine dritte Hypothese abgeleitet wird.

Hypothese 3
Wenn in Arbeitsfolgen von Fertigungsanlagen ein sich wiederholender Prozess durchgeführt wird, dann kann durch die Analyse großer Datenmengen die Unsicherheit bei der Auswertung einzelner Prozessschritte evaluiert werden.

Die Überprüfung dieser dritten Hypothese kann durch eine systematische Datenanalyse insbesondere bei bestehenden Anlagen durchgeführt werden. Bei erhobenen Messdaten muss das Signal-Rausch-Verhältnis für eine korrekte Vorhersage ausreichend hoch sein, um korrekte Vorhersagen treffen zu können. Dieses Verhältnis kann durch die Untersuchung und Analyse von mehrfach erhobenen Daten bestimmt werden.

5.2.2 Epistemische Unsicherheit in der Entwicklungsphase

Bei Vorhersagen durch automatisierte Systeme hat die Kenntnis über die enthaltene Unsicherheit in einem einzelnen Datensatz (x_i) höhere Relevanz als die gemittelte Unsicherheit über den gesamten Datensatz (z. B. durch die Genauigkeitsmetrik) [7, 159]. Dies ist insbesondere für den Einsatz von ML-Verfahren in der Fertigungstechnik gültig, da meist unausgeglichene Datensätze vorliegen und die selten vorkommenden Ereignisse (n.i.O.-Bauteile in einer 6-σ-Produktion) höchste Priorität bei der Erkennung haben. Der Wertebereich der Ausgabeschicht neuronaler Netze wird durch dessen Aktivierungsfunktion definiert. Etablierte Funktionen sind die Softmax- oder Sigmoidfunktion, welche auf das Intervall $I \in [0, 1]$ abbilden. In der Praxis wird dieser Wert häufig als Konfidenzwert bei der Vorhersage des neuronalen Netzes verwendet. Allerdings zeigen Studien, dass diese Vorhersagen nicht mit dem statistisch korrekten Wert übereinstimmen [160] und neuronale Netze zu hohen Konfidenzwerten bei falschen Vorhersagen und unbekannten Eingangsdaten neigen [161]. Dieses Verhalten ist unter dem Begriff 'failing silently' (deutsch: Leises Scheitern) zusammengefasst. Zudem können bereits kleine Änderungen in den Eingangsdaten einen großen Einfluss auf die Vorhersage nehmen [162]. Mit zunehmender Komplexität der ML-Modelle steigt die Anfälligkeit für fehlerhafte Vorhersagen bei Änderung der Eingangsdaten (z. B. durch Domain Shift) [163, 164]. Eine Schlussfolgerung aus diesen Studien ist, dass der ausgegebene Konfidenzwert von neuronalen Netzen (z. B. nach einer Softmax-Aktivierung) keinen verlässlichen Indikator zur Bestimmung der tatsächlichen Klassifikationsgüte darstellt [7]. Zudem besitzen neuronale Netze keine Kenntnis über den eigenen Kompetenzbereich, da sie auch außerhalb der Trainingsdatenverteilung mit hohen Konfidenzwerten Vorhersagen treffen [155]. Insbesondere in sicherheitsrelevanten Anwendungen, wie der medizinischen Diagnostik, autonomen Fahren oder auch der Produktionstechnik ist eine präzise Beschreibung der Unsicherheit bei der Vorhersage durch ML-Modelle für den sicheren Betrieb von entscheidender Bedeutung [165]. Hierbei ist allerdings eine Differenzierung zwischen Unsicherheiten wegen Mangel an Kenntnis über den Sachverhalt z. B. aufgrund von Daten außerhalb des Kompetenzbereichs (epistemisch) oder durch statistische Unsicherheiten in der Vorhersage (aleatorisch) notwendig [166, 167]. Im Kontext der Produktionstechnik ist für den korrekten Betrieb ein Schlupffehler auszuschließen [89]. Bei hoher epistemischer Unsicherheit ist aufgrund des oben beschriebenen unvorhersehbaren Verhaltens des ML-Modells kein sicherer Betrieb mehr gewährleistet und es kann unbemerkt (Stichwort: ‘failing silently’) zu Schlupffehlern kommen. Entsprechend ist eine Beurteilung des Kompetenzbereichs und damit einhergehend eine Verhinderung von Vorhersagen unter hoher epistemischer Unsicherheit von entscheidender Bedeutung zur Prävention von Schlupffehlern. Entlang dieser Argumentationskette wird für die Gewährleistung robuster und damit industrialisierbarer ML-Systeme eine vierte Hypothese formuliert.

Hypothese 4
Wenn in der Fertigungstechnik nicht vollständig repräsentative Datensätze zur Verfügung stehen und neuronale Netze keine Aussagefähigkeit hinsichtlich des Kompetenzbereichs haben, dann müssen Modellarchitekturen zur Bestimmung der Kompetenzfähigkeit und Defekterkennung entwickelt werden.

5.3 Methode zur erfolgreichen Industrialisierung maschineller Lernverfahren

In diesem Abschnitt werden die verwendeten Methoden zur Gewährleistung der Industrialisierbarkeit von ML-Systemen in der Entwicklungsphase dargestellt. Die ausgewählten Methoden zielen auf die Evaluation der aleatorischen Unsicherheit und Entwicklung robuster maschineller Lernverfahren ab.

5.3.1 Einbindung von Fachkenntnis

Wie in den vorangegangenen Abschnitten bereits beschrieben stellt mangelnde interdisziplinäre Fachkenntnis bei der Durchführung von ML-Projekten einen wesentlichen Grund für den Misserfolg von ML-Projekten dar. In der Fertigungstechnik werden maschinelle Lernverfahren für spezifische Aufgaben eingesetzt, da sich die Fertigungsanlagen und damit auch die zu optimierenden Fertigungsprozesse unterscheiden. Beispiele hierfür sind die Prüfung einer Schweißnaht [13], die Risserkennung in Oberflächen [14] oder die Erkennung metallurgischer Defekte in 3D-gedruckten Bauteilen [168]. Entsprechend sind auch die ML-Systeme und entwickelten Modelle spezifisch, was ein Grund für die wenig ausgeprägte Skalierung von ML-Verfahren in der Produktionstechnik ist. Zur Vermeidung eines Misserfolgs aufgrund mangelnder Fachkenntnis werden wesentliche Projektabschnitte und die relevanten Zuständigkeitsgruppen in Tabelle 5.2 aufgelistet.

Tabelle 5.2 Zusammenstellung relevanter Punkte zur Gewährleistung der Fachkenntnisse in einem ML-Projekt

Projektschritt	Beteiligte
Prozessbeschreibung	Prozessexperte
Wirtschaftlichkeitsbetrachtung	Produktion, Controlling
Anforderungen Fertigungsanlage	Planung, Produktion
Entwurf Systemarchitektur	IT, Produktion, Instandhaltung
Definition Qualitätskriterien	Qualitätssicherung
Auswahl Sensorik	Qualitätssicherung, Data Science
Auswahl ML-Modell	Data Science, Prozessexperte
Ablauf Datenpipeline	Data Science
Ablauf Prüfung	Data Science, Prozessexperte, QS
Festlegung Metrik	Qualitätssicherung, Produktion, Data Science

5.3.2 Bestimmung und Quantifizierung der Datenqualität

Zur Gewährleistung der Industrialisierbarkeit von maschinellen Lernverfahren muss die aleatorische Unsicherheit in dem ML-System innerhalb der als Projektziel definierten technischen Anforderungen liegen. Bei der Datenerhebung kommt es aufgrund der eingesetzten Sensorik/Messtechnik zu einer Messunsicherheit, welche eine inhärente Eigenschaft des ML-Systems darstellt. Die auftretende Messunsicherheit propagiert durch das ML-Modell und verbleibt in der Vorhersage, weshalb anhand der Messgenauigkeit die Limitation des ML-Systems bestimmt werden kann. Aus dieser Herleitung wird die Relevanz der verwendeten Sensorik bei einem ML-System deutlich, weshalb die Prüfung bzw. Auslegung der Messtechnik einen zentralen Bestandteil der Entwicklungsphase darstellt [117, 163]. In der Messtechnik wird die Messgenauigkeit durch die Messpräzision und Messrichtigkeit definiert, wobei der Zusammenhang in Abbildung 5.6 dargestellt ist. Die Prüfung dieser Eigenschaft ist der erste durchzuführende Schritt bei der Entwicklung eines ML-Systems für Fertigungsanlagen.

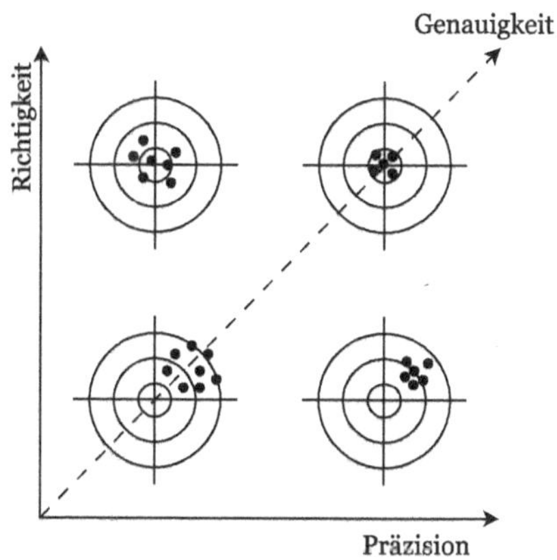

Abbildung 5.6 In der Darstellung ist der Zusammenhang zwischen Richtigkeit und Präzision einer Messung gezeigt. (Nach [169, 170])

Eine weitere Herausforderung bei der Integration der ML-Systeme in die Fertigungsanlage ist eine Veränderung bzw. Beeinflussung der Daten, welche zu einer verminderten Performance des Gesamtsystems führt. Damit eine Industrialisierung gewährleistet werden kann, muss die einzusetzende Datenquelle auf den Einfluss durch Umgebungsbedingungen in der Fertigungsanlage geprüft werden. Ein Anstieg des statistischen Fehlers bei der Datenerhebung aufgrund von Fertigungseinflüssen führt zu einer erhöhten Unsicherheit in der Vorhersage, welche ohne Änderung einzelner Systemkomponenten nicht reduzierbar ist [7, 110, 163]. In dieser Arbeit wird zur Bestimmung der Messfähigkeit mit und ohne Berücksichtigung von Störgrößen die Methode der statistischen Versuchsplanung, engl. Design of Experiments (DoE) nach Taguchi verwendet. Hierbei werden die tatsächlich zu bestimmenden

Messgrößen als unabhängige Variablen definiert und die Messungen unter dem Einfluss von Störgrößen wiederholt. Durch statistische Auswertung mittels Konfidenzintervall wird der systematische und statistische Messfehler ermittelt. Der statistische Fehler wird anschließend durch das Modell hindurch propagiert und das Vertrauensintervall der Modellvorhersage definiert. Die zu erfassenden Messgrößen werden in dem DoE als unabhängige Variablen definiert und einem inneren Versuchsfeld zugeordnet. Die äußeren Einflüsse oder Fertigungseinflüsse stellen Störgrößen dar und werden einem äußeren Versuchsfeld zugeordnet. Die Faktorstufen des inneren Versuchsfeldes (unabh. Variablen) werden so gewählt, dass die Messgenauigkeit über den gesamten Messbereich effizient bestimmt wird. Die Messgenauigkeit wird entsprechend bei Extremwerten und einigen Zwischenwerten in einem teilfaktoriellen Versuchsplan überprüft. Bei diesem Vorgehen wird davon ausgegangen, dass auf die Messfähigkeit von Zwischenwerten durch Interpolation geschlossen werden kann. Eine weitere Möglichkeit zur Definition der Faktorstufen ist die zufällige Auswahl von Messpunkten. Hierbei muss allerdings eine unbeabsichtigte Einbringung einer Verzerrung (Bias) in die Datenaufnahme vermieden werden, weshalb sich beispielsweise die Methode des Latin Hypercube Sampling (LHS) für eine zufällige, gleichmäßige Verteilung der Faktorstufen über den gesamten Parameterraum eignet [171]. Zur Überprüfung der Robustheit der Datenquelle auf die definierten Störgrößen werden zufällig ausgewählte Messreihen unter Berücksichtigung des äußeren Versuchsfeldes erneut durchgeführt. Anhand eines Hypothesentests der beiden erhaltenen Verteilungen mit und ohne Einfluss der Störgröße wird die Robustheit der Sensorik bestimmt (siehe Abbildung 5.7).

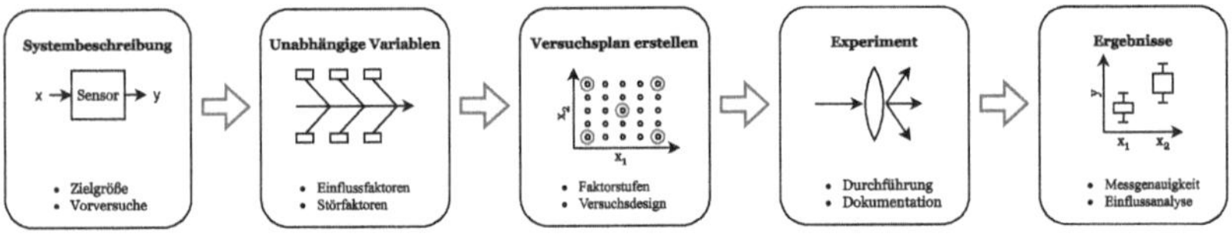

Abbildung 5.7 Ablauf des DoE zur Evaluierung der Messgenauigkeit und Robustheit des Sensors für ein ML-System

5.3.3 Robuste und erklärbare maschinelle Lernverfahren

Bei der Entwicklung von ML-Systemen für Fertigungsanlagen ist ein zentraler Bestandteil das ML-Modell. Die notwendigen Bedingungen für eine Industrialisierung ist die effiziente Entwicklung interpretierbarer und robuster ML-Verfahren. Hierfür werden Verfahren zur Interpretation der Modellvorhersage anhand von

Linearkombinationen einer PCA und für die Nachvollziehbarkeit der Vorhersagen neuronaler Netze erläutert. Ein wesentlicher Aspekt zur effizienten und skalierbaren Entwicklung ist die Verwendung von Transfer Learning, worauf im Detail eingegangen wird. Zunächst wird aber das Vorgehen zur Verifikation der dritten Hypothese zur Absicherung des ML-Systems gegenüber epistemischer Unsicherheit erläutert. Hierfür werden Varianten für mögliche Kompetenz- und Analysemodelle aufgezeigt, sowie deren praktische Implementierung in eine Fertigungsanlage erläutert.

Kompetenz- und Analysemodell

Anhand der Herleitung der vierten Arbeitshypothese wird deutlich, dass ML-Systeme nur sicher betrieben werden können, wenn diese gegenüber epistemischer Unsicherheit abgesichert sind. Für diese Aufgabe wird in dieser Arbeit eine Kombination aus mehreren ML-Modellen zu einer Modellarchitektur, bestehend aus Kompetenz- und Analysemodellen, vorgestellt. In Abbildung 5.8 ist schematisch eine solche Modellarchitektur dargestellt.

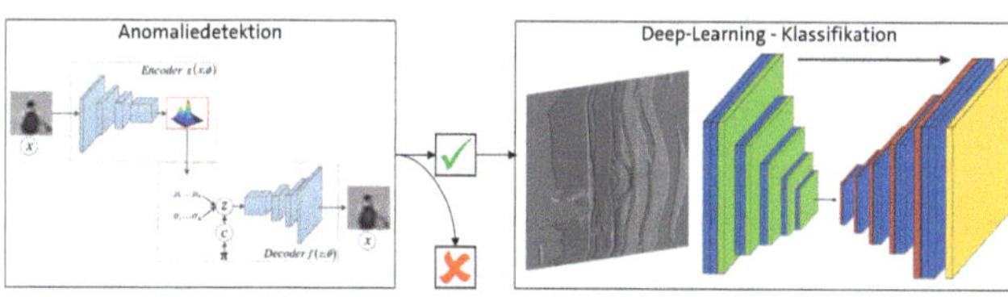

Abbildung 5.8 Darstellung einer Modellarchitektur mit Kompetenz- und Analysemodell zur Qualitätskontrolle von Bauteilen in der Fertigung

Das Kompetenzmodell bewertet die Fähigkeit des ML-Systems, ob eine Vorhersage mit ausreichender Konfidenz getätigt werden kann. Hierbei werden die Daten auf Homogenität mit der Trainingsdatenverteilung geprüft, da ML-Modelle außerhalb dieser Verteilung keine Vorhersagen mit ausreichender Konfidenz treffen können (vgl. Abschnitt 5.2). In der Praxis werden dafür Verfahren der Anomaliedetektion eingesetzt, anhand derer Verschiebungen der Verteilung oder Datenausreißer erkannt werden. Neben der Prüfung auf Homogenität mit den Trainingsdaten muss zudem durch das Kompetenzmodell geprüft werden, ob das Analysemodell eine ausreichende Konfidenz für eine Vorhersage besitzt. Auch innerhalb von Trainingsdaten können unter Umständen Datenbereiche existieren, in denen keine Vorhersage durch das ML-Modell getätigt werden soll. Dies ist beispielsweise auf die heteroskedastische aleatorische Unsicherheit oder unzureichendem Wissen über den genauen Zusammenhang zurückzuführen. Das Erkennen solcher Situationen ist ebenfalls Aufgabe des Kompetenzmodells. Durch das Analysemodell findet eine eigentliche Prüfung des Bauteils statt, wobei hier meist überwachte maschinelle Lernverfahren eingesetzt werden. Bei der Entwicklung eines solchen Modells ist eine ausreichende Repräsentation von Defekten im Trainingsdatensatz zu gewährleisten. Für eine erfolgreiche Industrialisierung muss die Erklärbarkeit der maschinellen Lernverfahren und die Generalisierbarkeit der Lösung gewährleistet sein. Für eine effiziente Entwicklung von ML-Modellen mit einer hohen Generalisierung wird häufig das sog. Transfer Learning verwendet. Zudem gibt es unterschiedliche Methoden zur Absicherung der Erklärbarkeit maschineller Lernverfahren. Diese beiden Aspekte werden in den folgenden Abschnitten erläutert.

Transfer Learning

In den bisherigen Abschnitten wurde deutlich, dass maschinelle Lernverfahren ausschließlich in ihrer erlernten Datenverteilung zuverlässige Vorhersagen tätigen können. Dennoch gibt es bei hinreichend ähnlichen Datentypen wiederkehrende Muster, welche durch maschinelle Lernverfahren auch bei einer Änderung der Datenverteilung (Data Shift) erkannt werden. Diese Fähigkeit wird bei der Methode des sogenannten Transfer Learning (TL) ausgenutzt. Ein Beispiel stellt die Erkennung geometrischer Formen in Bildern dar, welche durch lokale Veränderungen der Pixelwerte entstehen und in nahezu allen Bilddaten auftreten. Transfer Learning beschreibt das Training eines maschinellen Lernverfahrens auf einem Zieldatensatz, wobei das verwendete Modelle bereits auf einem Quelldatensatz vortrainiert wurde. Hierdurch können bereits erlernte Muster und Merkmale (wie z. B. geometrische Formen) aus dem Quelldatensatz durch das ML-Verfahren genutzt und so eine höhere Performance auf dem Zieldatensatz erreicht werden. Insbesondere bei kleinen Zieldatensätzen kann dies nützlich sein, da die Variation in kleinen Datensatz nicht zum repräsentativen Erlernen von Mustern ausreicht. In der Praxis werden zum Vortraining meist große, öffentlich verfügbare Datensätze wie CIFAR-10, MNIST oder ImageNet verwendet. Bei der Anwendung von Transfer Learning wird in transduktives und induktives TL unterschieden. Beim transduktiven TL ist das Ziel die Übertragung der bereits erlernten Zusammenhänge aus einem Quelldatensatz auf einen neuen ähnlichen Zieldatensatz. Beim Übertragen eines Modells auf einen identischen Zieldatensatz wird von einem induktiven TL gesprochen [172–175]. Letzteres kann insbesondere bei der Skalierung von Anwendungsfällen auf andere Fertigungsanlagen einen hohen Nutzen bringen. In Abbildung 5.9 ist der Unterschied zwischen konventioneller datengetriebener Modellierung, bei der Modelle immer von Grund auf neu trainiert werden, und Transfer Learning verdeutlicht.

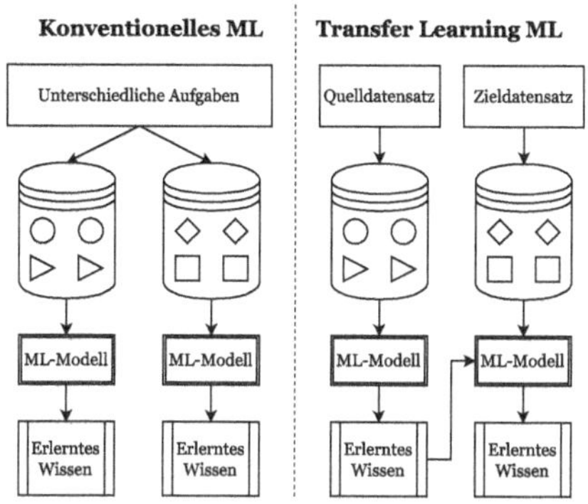

Abbildung 5.9 Darstellung des herkömmlichen Trainings eines ML-Modells und der Verwendung von Transfer Learning durch die Übertragung bereits erlernter Repräsentationen von Wissen aus einem Quelldatensatz auf einen Zieldatensatz. (Nach [175])

In der Entwicklungsphase von ML-Systemen eignet sich die Methode des TL besonders zur Vermeidung aufwendiger Eigenentwicklung der ML-Modelle, wobei dies insbesondere auf neuronale Netze zutrifft. Durch die Verwendung bestehender Architekturen neuronaler Netze, wie beispielsweise ResNet-Architekturen zur Klassifikation [156], You Only Look Once network (YOLO)-Architekturen zur Objekterkennung [176] oder SegFormer-Modelle zur semantischen Segmentierung [177], können umfassend erforschte und moderne neuronale Netze effizient implementiert werden. Zudem wird durch die Vereinheitlichung der neuronalen Netze die Skalierbarkeit von entwickelten ML-Systemen auf artverwandte Anwendungsfälle und weitere Standorte ermöglicht.

Wie bereits erwähnt sind die entstehenden Datensätze in Fertigungsanlagen verhältnismäßig klein. Durch die Verwendung bereits trainierter ML-Modelle kann die enthaltene Wissensrepräsentation aus großen Datensätzen teilweise erhalten bleiben und dadurch eine höhere Genauigkeiten erreicht werden [172]. Ein entscheidender Aspekt ist auch die robuste Repräsentation in den latenten Räumen der neuronalen Netze, da diese aufgrund der erlernten Datenvariation eine höhere Generalisierungsfähigkeit aufweisen. Dadurch kann bereits eine gewisse, aber nicht ausreichende Robustheit gegenüber unerwarteten Ereignissen erreicht werden [178]. Für die bekannten Netzwerkarchitekturen sind darüber hinaus Verfahren zur Erklärbarkeit der Modellinferenz mit Referenzimplementationen öffentlich zugänglich. Somit kann durch die Anwendung von TL eine Überprüfung insbesondere von Deep Learning Modellen vereinfacht werden.

Erklärbare maschinelle Lernverfahren

Eine notwendige Bedingung für die Industrialisierung maschineller Lernverfahren in Fertigungsanlagen ist die Erklärbarkeit der Inferenz durch das ML-Modell. Wie bereits in Abschnitt 5.1 erläutert, sind bei weniger komplexen ML-Modellen die Berechnungen interpretierbar, wohingegen komplexe Modelle nur nachvollziehbar sind. Zunächst werden zur Darstellung des Vorgehens Methoden zur Interpretierbarkeit stellvertretend anhand einer PCA dargestellt. Bei der PCA werden die Hauptkomponenten, engl. Principal Components (PC) aus den Eigenvektoren einer Kovarianzmatrix für einen Datensatz bestimmt. Die dazugehörigen Eigenwerte geben den Anteil der abgedeckten Varianz für jede PC an, wodurch eine Hierarchie innerhalb der PCs anhand des Anteils der abgedeckten Varianz entsteht. In vielen Anwendungen kann dies für eine Dimensionsreduktion unter Angabe der erhaltenen Varianz in einem Datensatz verwendet werden [179, 180]. Im Anschluss wird die verbreitete Methode Local Interpretable Model-agnostic Explanations (LIME) zur Nachvollziehbarkeit der Inferenz von neuronalen Netzen bei der Klassifikation vorgestellt [82]. Dies ist gefolgt von einer kurzen Einleitung in die Bildsegmentierung als nachvollziehbare Methode für eine Defekterkennung mittels Deep-Learning Modellen. Die Abbildung 5.10 (a) zeigt beispielhaft eine Hauptkomponentenzerlegung für einen zweidimensionalen Datensatz. Die erste Hauptkomponente (PC_1) repräsentiert ca. 97 % der gesamten Varianz für den Datensatz. Die beiden Hauptkomponenten bilden eine neue Orthonormalbasis, in welche die Daten transformiert werden können (siehe Abb. 5.10 (b)).

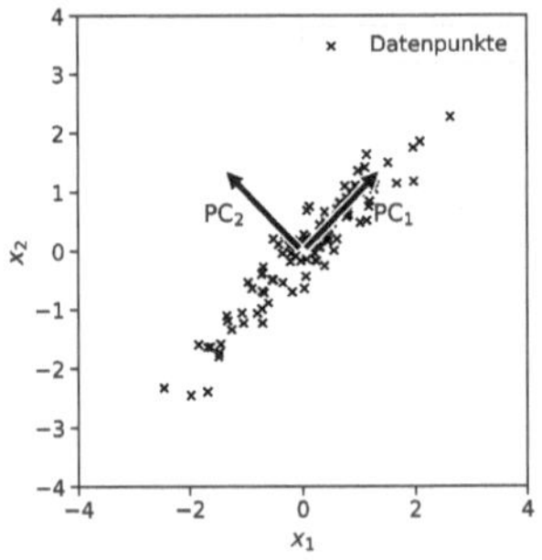

(a)

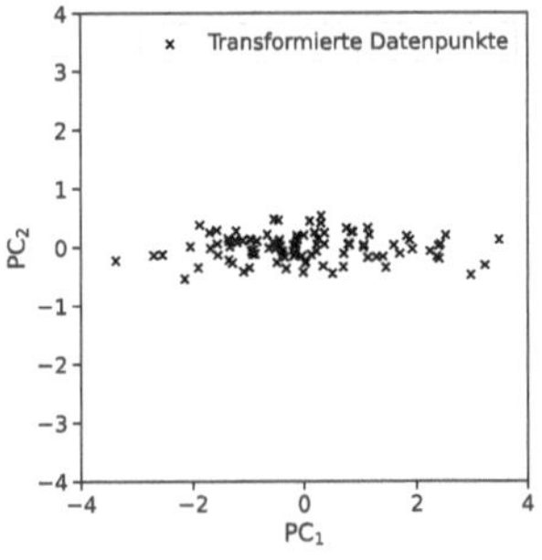

(b)

Abbildung 5.10 Die Abbildung zeigt die Hauptkomponentenzerlegung für einen zweidimensionalen Datensatz mit Transformation der Datenpunkte

Durch Weglassen von hinteren PCs bei der Transformation kann die Dimension unter Erhalt eines großen Anteils der Varianz in einem Datensatz reduziert werden. In dem Beispiel kann die Dimension unter Erhalt von 97 % der gesamten Varianz von zwei auf eins reduziert werden. Die Hauptkomponente stellt bei der Transformation den Basisvektor und damit die Gewichtung der Eingangsmerkmale dar. Für die Transformation der Daten (z_1) durch die erste Hauptkomponente (PC_1) gilt für einen n-dimensionalen Datensatz demnach [179]:

$$z_1 = PC_1^T X = PC_{11}x_1 + PC_{12}x_2 + \cdots + PC_{1n}x_n \tag{5.3}$$

Anhand der Gleichung wird ersichtlich, dass zu jedem Merkmal ein Gewicht zugeordnet ist und damit auch die Berechnung, sowie die Relevanz des einzelnen Merkmals für die Transformation zurückverfolgt werden kann. Dieser Ansatz ist auch auf lineare und logistische Regression zu übertragen, da hier auch die Gewichtungen der Linearkombinationen analysiert werden [181, 182]. Bei der Verwendung einer PCA zur Erkennung von Anomalien in Fertigungsanlagen müssen die ersten Hauptkomponenten nicht zwingend die Informationen für einen Fehler enthalten, sondern können auch Prozessrauschen oder verschiedene Prozessschritte abbilden. Deshalb muss eine Auswahl für die zur Fehlerdetektion relevanten Hauptkomponenten durchgeführt werden. Dies kann durch den im Rahmen dieser Arbeit entwickelten Feature Extraction Algorithmus (dt: Algorithmus zur Merkmalsextraktion) erreicht werden, welcher eine Dimensionsreduktion auf Unterräume mit der größten Anzahl an Anomalien in einem Datensatz durchführt [158]. Der Pseudocode ist in Algorithmus 1 dargestellt.

Bei dem Algorithmus wird zuerst eine PCA auf einem z-skalierten Datensatz angewendet. Im Anschluss wird iterativ in den einzelnen Hauptkomponenten eine univariate Varianzanalyse durchgeführt und für jeden Datenpunkt einen Anomaliescore bestimmt. Durch Addition der einzelnen Scores in den latenten Räumen wird zusätzlich jedem Datenpunkt ein globaler Anomaliescore zugeordnet. Die Datenpunkte mit den höchsten Werten (Manhattan-Metrik) werden als Anomalien definiert. Durch (Listen-) Vergleich der detektierten Anomalien in den latenten Räumen und dem globalen Scoring können so PCs mit der größten Übereinstimmung zwischen lokalen und globalen Anomalien bestimmt werden. Die bestimmten PCs oder Eigenvektoren sind Linearkombinationen der einzelnen Merkmale in dem Datensatz mit entsprechender Gewichtung, weshalb auch nur lineare Zusammenhänge erkannt werden können. Durch die Bestimmung der für eine Anomaliedetektion relevanten Hauptkomponenten kann durch die Analyse der entsprechenden Gewichtung die Fehlerursache (engl. root cause analysis) nachvollzogen werden. Zudem

Algorithm 1 Feature Extraction Algorithm [158]

Require: Dataset $(X, \lambda) = PCA(D)$
Ensure: $D = \frac{X-\mu}{\sigma}$
 for j **do** in range(1:n)
  $X_j \leftarrow PC_j(X) = X[:, j]$
  $\sigma_{X_j} \leftarrow \sqrt{Var(X_j)}$
  $\bar{X}_j \leftarrow \frac{X_j}{\sigma_{X_j}}$
  $score^j_{local} \leftarrow \bar{X}_j \geq threshold$
 end for
 $score_{global} \leftarrow x \in \bar{X} \mid \Phi(d_M(\bar{X}) \geq glob_{pctl}$, where ϕ is CDF
 $J = 1, ..., n; A = [score_{global}]; S = []$
 for i **do** in i:m
  for j **do** in J
   $F_1^j \leftarrow F_1(A, score_{local})^j$
  end for
  $t \leftarrow \max_j(F_1^j{}_{j\in J})$
  $J = J.remove(t)$
  $S = S.append(t)$
  $A = A.remove(score^t_{local})$
 end for
 Return S

ist die durchgeführte Berechnung zur Transformation der Daten interpretierbar. Die Funktion des Algorithmus wurde anhand eines 46-dimensionalen Datensatzes aus einer additiven Fertigungsanlage gezeigt, bei dem Prozessabbrüche anhand dieses Algorithmus erklärt werden konnten. Der Datensatz bestand aus 38 unterschiedlichen Baujobs mit 22215 gefertigten Schichten. In Abbildung 5.11 (a) ist der zweidimensionale latente Raum mit der Repräsentation der meisten Prozessfehler dargestellt. Durch Analyse der einzelnen Gewichte konnten die, aufgrund des multivariaten Charakters, bisher unbekannten Ursachen der Prozessfehler identifiziert werden. Die Prozessfehler entstanden in der Untersuchung durch eine Kombination der Abweichungen aus Schutzgasdurchfluss und Sauerstoffgehalt in der Anlage, sowie Abweichungen bei der Pulverförderung durch den Extruder aufgrund einer unzureichenden Ultraschall-Siebung [158].

Neuronale Netze werden häufig als Black-Box (deutsch: schwarze Kiste) bezeichnet, da aufgrund der Komplexität die tatsächlich durchgeführten Berechnungen zur Erzeugung einer Inferenz nicht interpretierbar sind. Es gibt allerdings zahlreiche Verfahren um die ausschlaggebenden Ursachen für eine Vorhersage in den Eingangsdaten nachvollziehbar zu machen und somit die Bedeutung einzelner Merkmale für

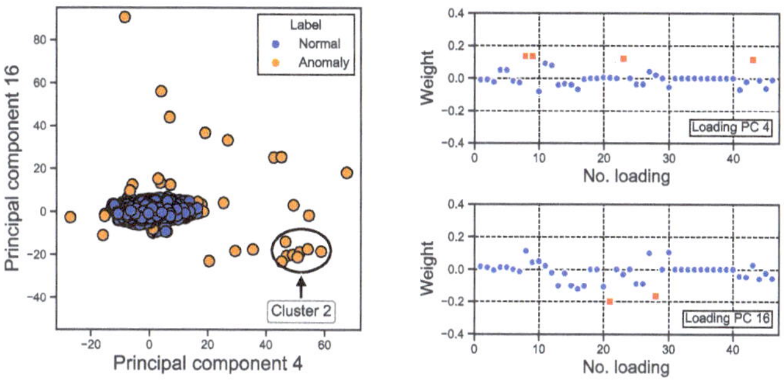

(a) (b)

Abbildung 5.11 In (a) sind die mittels des Feature Extraction Algorithmus bestimmten PCs mit der Repräsentation der Anomalien dargestellt, (b) zeigt die Gewichte der PC 4/16, anhand derer die Fehlerursache bestimmt wurde [158]

die Entscheidung zu bestimmen. Beim LIME-Algorithmus werden in dem Eingabebild verschiedene Bereiche verändert und der Einfluss auf die Vorhersage bestimmt. Durch iteratives Nachverfolgen der Änderungen können die Regionen in einem Bild, welche zur Klassifikation führen, nachvollzogen werden [145]. Mittels des Grad-CAM Algorithmus können durch Bildung der Gradienten die Bereiche eines Bildes bestimmt werden, welche am stärksten zur Aktivierung einer bestimmten Klasse beitragen [183]. Eine weitere Möglichkeit zur Steigerung der Erklärbarkeit insbesondere bei der Verwendung neuronaler Netze bietet die Bildsegmentierung. In Abbildung 5.12 sind zur Übersicht die Varianten der Bildverarbeitung beispielhaft für die Erkennung von Laserschweißnähten dargestellt. Bei der Klassifikation werden Werte in einem Vektor ausgegeben, die eine bestimmte Klassenzugehörigkeit signalisieren. Dies kann beispielsweise eine Ausgabe $\in [0, 1]$ in einem 1-D Vektor (Skalar) sein, welcher i.O./n.i.O. symbolisiert. Bei der Objekterkennung werden die Koordinaten (x, y, dx, dy) der gefundenen Objekte und das dazugehörige Label ausgegeben. Bei der Bildsegmentierung werden auf Pixelebene die Zugehörigkeiten der gefundenen Objekte ausgegeben, wobei zusätzlich in semantische und instanzbasierte Segmentierung unterschieden wird.

Durch die gezielte Erkennung von Defekten mittels Deep-Learning basierter Bildsegmentierung können Bereiche mit Defektmerkmalen erkannt werden. Im Anschluss werden am Beispiel der Schweißnaht Regeln zur Prüfung der Geometrie definiert, anhand derer eine Einteilung in i.O./n.i.O. durchgeführt werden kann. Der Vorteil liegt in der direkten Überprüfung der Ausgabe des Deep-Learning-Modells,

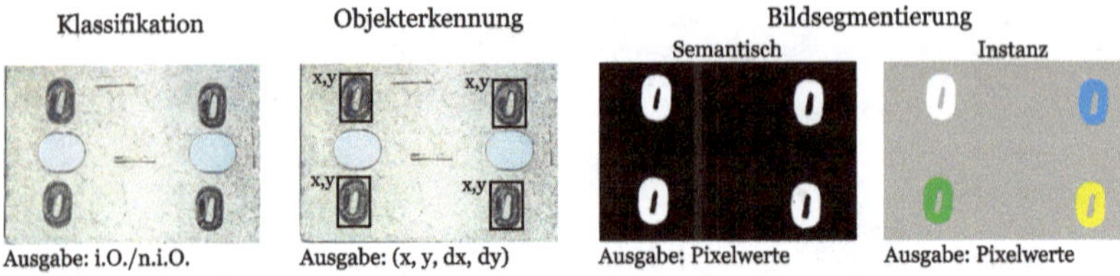

Abbildung 5.12 Darstellung der drei Varianten Klassifikation, Objekterkennung und Bildsegmentierung mit zusätzlicher Untergliederung am Beispiel von vier Laserschweißnähten

weshalb es sich hierbei um eine nachvollziehbare Entscheidungsfindung handelt [82, 184]. Bei einer Kombination des ML-Ansatzes mit regelbasierter Prüfung handelt es sich um sog. hybride Modelle. Insbesondere bei der Objekterkennung und Segmentierung in Bildern zeigen Deep-Learning-Modelle unter der Prämisse ausreichender Trainingsdatensätze eine deutlich höhere Robustheit und Leistungsfähigkeit als konventionelle Bildverarbeitungsalgorithmen [185–187]. Diese Robustheit kann in hybriden Modellen zur Erhöhung der Prozesssicherheit genutzt werden, wobei durch Definition von eindeutigen Regeln auf transparente Art und Weise eine Klassifikation durchgeführt werden kann.

6 Entwicklung maschineller Lernverfahren im Anwendungsbeispiel

In diesem Kapitel werden die wesentlichen Aspekte der eingeführten Methodik anhand von drei Fallbeispielen erläutert und die aufgestellten Hypothesen evaluiert. Im ersten Anwendungsfall wird ein prädiktives Analytikmodell zur Vorhersage der Erfolgsaussichten eines MIG-Schweißprozesses entwickelt. Der Schwerpunkt in der ersten Studie liegt auf der systematischen Quantifizierung der aleatorischen Unsicherheit in Datensatz und Modellvorhersage zur Evaluierung der Industrialisierungsfähigkeit des entwickelten Systems. Im zweiten Fallbeispiel wird zunächst eine große Anzahl von Prozessdaten (Big Data) aus einem additiven Fertigungsverfahren systematisch mittels unüberwachter maschineller Lernverfahren analysiert und bisher unbekannte Datensignaturen durch die physikalische Modellbildung Finite-Elemente-Methode (FEM) erklärt. Darauf aufbauend wird eine Modellarchitektur zur Berücksichtigung des Fertigungsverfahren entwickelt und anhand der vollständigen Datenanalyse die Limitation einer Prozessüberwachung aufgrund der enthaltenen Unsicherheit in dem Datensatz hergeleitet. In dem dritten Fallbeispiel wird ein maschinelles Lernverfahren zur automatisierten Qualitätsprüfung der Faltenbalgmontage entwickelt, wobei der Schwerpunkt auf der Entwicklung einer erklärbaren Modellarchitektur, bestehend aus Kompetenz- und Analysemodellen zur Steigerung der Robustheit gegenüber epistemischer Unsicherheit, liegt. Durch die unterschiedlichen Fallbeispiele werden die eingeführten Methoden in dieser Dissertation anhand von drei maßgeblichen Anwendungsbereichen maschineller Lernverfahren validiert und das systematische Vorgehen detailliert erläutert.

Ergänzende Information Die elektronische Version dieses Kapitels enthält Zusatzmaterial, auf das über folgenden Link zugegriffen werden kann https://doi.org/10.1007/978-3-658-50177-8_6.

J. Voigt, *Beitrag zur Industrialisierung maschineller Lernverfahren in Fertigungsanlagen*, AutoUni – Schriftenreihe 180,
https://doi.org/10.1007/978-3-658-50177-8_6

6.1 Prädiktive Analytik zur Vorhersage von Schweißergebnissen

In diesem Abschnitt wird die Entwicklung eines Systems zur Prädiktion der Schweißbarkeit von Strangpressprofilen in der MEB-Batteriegehäusefertigung anhand der entwickelten Systematik zur Technologieentwicklung von ML-Systemen aufgezeigt. In Abbildung 6.1 ist der MEB-Batteriegehäuserahmen dargestellt, wobei die Untersuchungen an den MIG-Schweißnähten der äußeren Rahmenbauteile durchgeführt wurden. Im n. i. O.-Fall können diese Schweißnähte nicht nachgearbeitet werden und der Rahmen wird verschrottet. Das Ziel des Projekts ist die Vermeidung des direkten Ausschusses von Bauteilen zur Kostensenkung und Reduktion von Umweltauswirkungen.

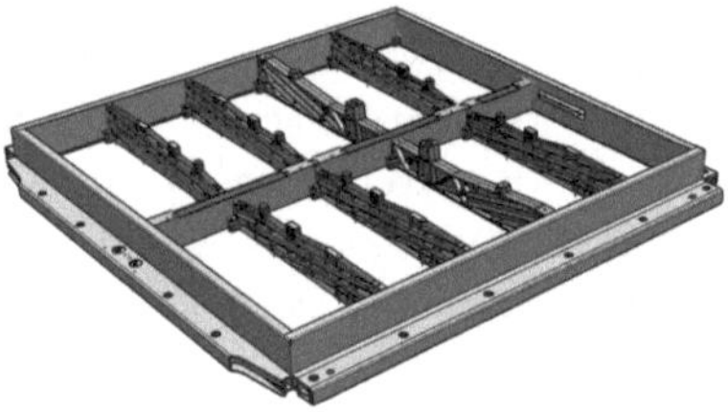

Abbildung 6.1 Die Darstellung zeigt den MEB-Batteriegehäuserahmen, wobei die MIG-Schweißnähte zum Fügen der äußeren Rahmenbauteile untersucht wurden

Zur Verifizierung der ersten und zweiten Hypothese aus Abschnitt 5.2.1 liegt der thematische Schwerpunkt in diesem Anwendungsbeispiel auf der Differenzierung und Quantifizierung der aleat. und epist. Unsicherheit im entwickelten ML-System, wodurch eine gezielte Optimierung und Abschätzung der Systemfähigkeit ermöglicht wird. Anhand von Experteninterviews wird methodisch basiert das notwendige Fachwissen zur Entwicklung des Systems erfasst. Im Anschluss wird ein DoE zur Sensorauswahl anhand des extrahierten Fachwissens abgeleitet und eine Studie zur Auswahl der geeigneten Datenquelle durchgeführt. Zur Modellierung der Schweißbarkeit W wird ein Fuzzy-Modell unter dem Einfluss eines wechselnden Fügespalts x definiert und damit die bedingte Wahrscheinlichkeit für eine erfolgreiche Schweißung $P(W|x)$ vorhergesagt. Zur Evaluation wird die Systemunsicherheit bestimmt und in die epistemische und aleatorische Unsicherheit differenziert. Hierdurch können die erreichbare Vorhersagegenauigkeit definiert und die wesentlichen Anhaltspunkte für eine gezielte Optimierung abgeleitet werden.

6.1.1 Wissensextraktion und Definition der Anforderungen

Zur Erhebung und Bewertung des notwendigen Fachwissens zur Entwicklung des ML-Systems werden vier Experteninterviews durchgeführt, wobei die Tätigkeiten der Befragten in direktem Zusammenhang mit den betrachteten MIG-Schweißungen stehen. Ein vorab definierter Fragenkatalog (siehe Anhang) dient zur Eingrenzung der wesentlichen Themengebiete und stellt die Erfassung des notwendigen Fachwissens für die weiteren Entwicklungsschritte sicher. Die Subjektivität der Befragenden (Gütekriterium qualitativer Forschung [188]) wird durch kritisches Hinterfragen des Fragenkatalogs zwischen Projektbeteiligten berücksichtigt. Diesem Gütekriterium kommt bei der Extraktion von Fachwissen für ML-Systeme eine besondere Bedeutung zu, da insbesondere der sog. Bestätigungsfehler in der Statistik eine wesentliche Fehlerquelle bei der Erstellung und Interpretation von Daten darstellt [189, 190]. Die Experteninterviews werden angelehnt an die Methode der qualitativen Inhaltsanalyse nach Mayring ausgewertet [191]. Das Audiomaterial der Interviews wird zuerst paraphrasiert transkribiert und die einzelnen Abschnitte anschließend auf die Kernaussagen reduziert und kodiert. Hierbei wird ein deduktiver Ansatz gewählt, wobei eine Einteilung in vorab definierte Kodierungen stattfindet. Anhand einer Synopsis zwischen den Kodierungen aus den verschiedenen Interviews wird auf Übereinstimmung oder auch gegensätzlichen Aussagen geprüft, wodurch die relevanten Informationen für die weitere Entwicklung extrahiert werden. Die wesentlichen Informationen für die Entwicklung der weiteren Systemkomponenten (Sensorik und Modellbildung) sind in Tabelle 6.1 aufgelistet und kategorisiert.

Tabelle 6.1 Auflistung der extrahierten Informationen aus den Experteninterviews für die weitere Entwicklung des ML-Systems

Fachbereich	Information
Anlagentechnik	Kleiner Bauraum
Schweißtechnik	Fügespalt als maßgeblicher Einflussfaktor
	Temperaturdifferenz weiterer Einflussfaktor
Sensorik	Diffuses Umgebungslicht
	Profilrotation möglich
Modellbildung	$x = 0{,}0\,\text{mm}$: Verzug möglich
	$x = 0{,}2\,\text{mm}$: Sollspalt
	$x > 0{,}2\,\text{mm}$: Prozessbereich
	$x \approx 0{,}6\,\text{mm}$: keine Spaltüberbrückung

Eine wesentliche Information zur Auslegung der Sensorik ist das Vorhandensein von diffusem Umgebungslicht aufgrund von MIG-Schweißungen in direkter Nähe zur geplanten Prüfstation, weshalb die Robustheit gegenüber Lichteinfluss als Prüfkriterium der Sensorik bestimmt wird. Zudem kann es auch zu Rotationen der Profile kommen, was ebenfalls korrekt vom Sensor erfasst werden muss. Die angegebenen Prozessgrenzen beziehen sich auf einen automatisierten MIG-Schweißprozess der Ecknähte, wobei der Idealspalt 0,2 mm beträgt und die Prozessgrenzen zwischen 0,6 mm und 0,8 mm (Expertenabhängig) liegen. Ein Nullspalt kann laut Aussage von drei Fachleuten zu einem Verzug führen, wobei das Übergangsverhalten (0,0 mm bis 0,2 mm) nicht weiter spezifiziert werden konnte. Der vierte Experte sah keine relevanten Prozesseinschränkungen beim Nullspalt. Die unterschiedliche subjektive Bewertung von Situationen ist ein häufig vorkommendes Ereignis in der Annotation von Datensätzen und wurde bereits in Abschnitt 5.2 erläutert. Zumeist werden in solchen Fällen entweder Mehrheitsentscheidungen zur eindeutigen Bestimmung des Labels oder eine Fuzzy-Logik zur Modellierung von unscharfen Übergängen verwendet [192, 193]. Die Temperatur bildet eine zusätzliche Einflussgröße auf die Schweißnahtqualität, wobei diese in dem Entwicklungsprozess nicht weiter berücksichtigt wird. Für das prädiktive Modell handelt es sich hiermit um eine sog. ontologische Unsicherheit [151]. Die berührungslose Temperaturmessung von Aluminium bei Raumtemperatur würde zu einer großen aleat. Unsicherheit führen, da der Emissionsgrad stark variiert und es damit zu einer geringen Messgenauigkeit kommt. In dem dargestellten Anwendungsbeispiel ist die Produktion auf das Problem unterschiedlicher Profiltemperaturen sensibilisiert und es gibt Arbeitsanweisungen für eine Verhinderung derartiger Schweißprobleme. Die Architektur des Systems mit den jeweiligen Komponenten und Schnittstellen ist in Abbildung 6.2 dargestellt.

Die auf das ML-System einflussnehmenden Bestandteile stellen die Sensorik und das ML-Modell dar. Die Sensorik bestimmt maßgeblich die aleatorische Unsicherheit im System, weshalb die Entwicklung bzw. Auslegung der Sensorik einen zentralen Schritt in der Entwicklungsphase darstellt. Der zweite wesentliche Prozessschritt ist die Entwicklung des ML-Modells, welches mittels Trainingsdatensatz trainiert wird und anschließend Vorhersagen für neue Daten tätigt. In dieser Vorhersage ist die epistemische Unsicherheit enthalten, welche auf unzureichende Informationen über den Sachverhalt zurückzuführen ist. Die vollständige Unsicherheit des Gesamtsystems ist die Summe beider Anteile. In den nachfolgenden Abschnitten wird die Minimierung beider Anteile sowie die Auswirkung auf die Leistungsfähigkeit des prädiktiven Modells evaluiert.

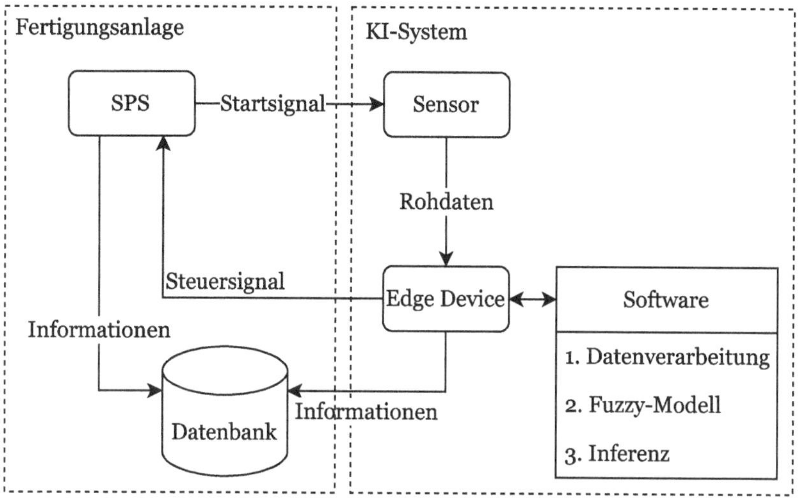

Abbildung 6.2 Das Diagramm zeigt die Systemarchitektur mit den Komponenten des ML-Systems und der Anbindung in eine Fertigungsanlage zur Vorhersage der Schweißbarkeit

6.1.2 Sensorauswahl zur prozesssicheren Erfassung eines Fügespalts

Zur Bestimmung der geeigneten Sensorik für die korrekte Erfassung des Fügespalts an den Profilen ist entsprechend Abschnitt 5.3 die Methode der statistischen Versuchsplanung nach Taguchi angewendet worden. Hierdurch kann die Messpräzision und der Einfluss durch Umgebungslicht und Profilrotation quantifiziert werden. In diesem Abschnitt wird entsprechend der Methode des DoE zuerst eine Systembeschreibung und Versuchsplanung vorgenommen, wobei auch das erhobene Expertenwissen aus dem vorherigen Abschnitt 6.1.1 berücksichtigt wird. Es folgen die Erläuterungen der durchgeführten experimentellen Studien und die Auswertung der Versuche.

Systembeschreibung und statistische Versuchsplanung

Die Zielgröße der Datenerfassung des prädiktiven Modells zur Vorhersage der Schweißbarkeit ist die robuste und präzise Vermessung des inneren und äußeren Fügespalts. Die Bestimmung des Fügespalts mit taktiler Sensorik ist aufgrund der hohen Störanfälligkeit (Verklemmung o. ä.) und einer schlechten Erreichbarkeit des Innenspalts ungeeignet, weshalb ausschließlich optische Messsysteme berücksichtigt werden. Bei der Versuchsplanung werden zunächst die Freiheitsgrade (F) der Aluminiumprofile bestimmt und daraus die Einflussgrößen bei der Auslegung des Messsystems abgeleitet. Die Spaltgröße wird durch Translation entlang der x- und y-Achse (T_x und T_y) bestimmt. Als weiterer Freiheitsgrad wird die Rotation entlang der x-Achse (R_x) definiert, womit der systemische Freiheitsgrad auf drei ansteigt. Die drei Freiheitsgrade und die entstehenden Spaltgeometrien lassen sich durch die Prüfvorrichtung aus Abbildung 6.3 nachstellen, womit die Messfähigkeit verschiedener Sensoren bei unterschiedlichen Spaltgeometrien untersucht wird.

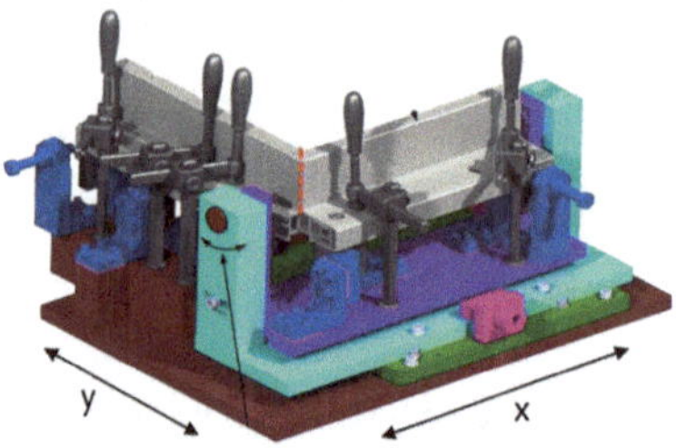

Abbildung 6.3 CAD-Modell der Prüfvorrichtung für die Untersuchung der Messfähigkeit zur Einstellung verschiedener Spaltgeometrien

Aufgrund der eingeschränkten Erreichbarkeit des Innenspalts wird frühzeitig eine Machbarkeitsstudie zur prozessstabilen Spalterfassung des Innenspalts durchgeführt. Hierbei wird ein LTS nahe des Querprofils positioniert um möglichst senkrecht den Spalt zu erfassen. Die Ergebnisse der Untersuchung sind in Abbildung 6.4 dargestellt. Mit zunehmender Spaltgröße kommt es zu einer ansteigenden Überschätzung der tatsächlichen Spaltgröße. Bei geringer bis mittlerer Spaltgröße (0,2 mm bis 1,0 mm) kommt es zu einer großen Streuung der Messergebnisse [117].

Bei 3D-Daten werden Kanten in den Profilen meist durch die Bildung lokaler Ableitungen detektiert, anhand derer die Geometrien, Geraden und Schnittpunkte zur Vermessung von Spalten bestimmt werden. Die fehlerhaften Messungen in den Ergebnissen sind auf Fehlreflexionen zurückzuführen, welche durch das glänzende Aluminiumprofil und die angewinkelte Sensorik verursacht werden. Diese Fehlreflexionen führen zu einer fehlerhaften oder schwankenden Kantendetektion und Bestimmung von Schnittpunkten in den Bildaufnahmen, wodurch es zu falschen oder streuenden Messergebnissen kommt. Aus dieser Vorstudie wird abgeleitet, dass der Innenspalt nur indirekt durch Bestimmung der Höhendifferenz zwischen dem Überhang des Seitenprofils und der ebenen Fläche des Frontprofils bestimmt

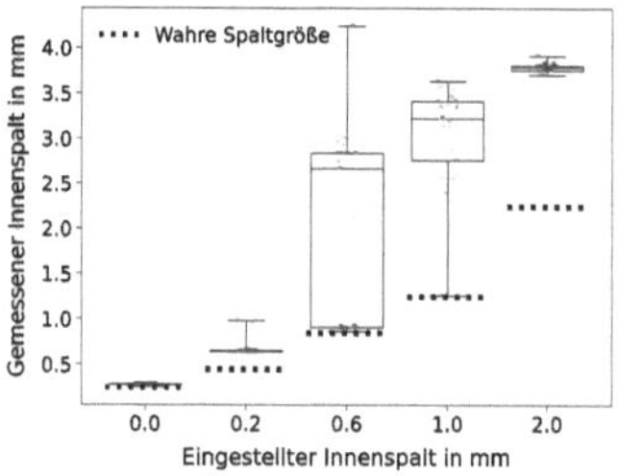

Abbildung 6.4 Die Ergebnisse der Vorstudie zur direkten Erfassung des Innenspalts mittels LTS zeigen eine hohe Messstreuung und unpräzise Spalterfassung. (Nach [117])

werden kann, weshalb ausschließlich optische 3D-Messverfahren im weiteren Verlauf berücksichtigt werden. Zur Identifizierung und Kategorisierung der unabhängigen Variablen (Einflussfaktoren) wurde ein Ishikawa-Diagramm erstellt, welches in Abbildung 6.5 dargestellt ist [117].

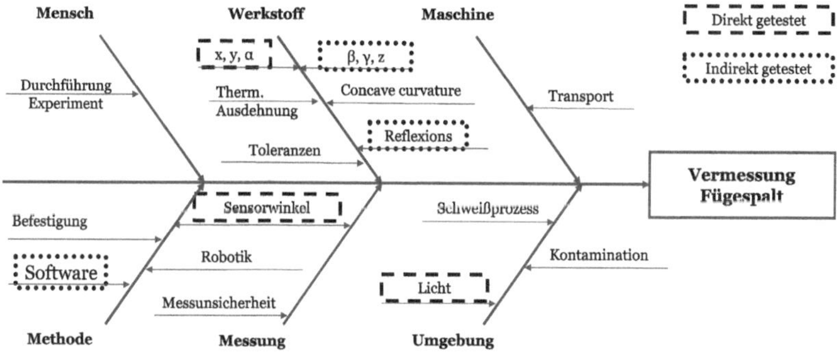

Abbildung 6.5 Das Ishikawa-Diagramm mit den Einflussparametern auf die Sensorik zur Bestimmung des Fügespalts. (Nach [117])

Die unabhängigen Variablen werden anschließend in Einflussgrößen und Störgrößen unterschieden, wobei Umgebungsbedingungen als Störgrößen definiert werden [19, 194]. Bei der sensorischen Datenerfassung in Fertigungsanlagen ist insbesondere die Robustheit der Messung gegenüber auftretenden Störgrößen und Produktionsschwankungen eine wesentliche Anforderung an die Datenquelle von ML-Systemen und muss im Entwicklungsprozess geprüft werden. Unter

Berücksichtigung des erhobenen Fachwissens und den anlagentechnischen Gegebenheiten werden als direkte unabhängige Variablen die Spaltgröße und Spaltgeometrie identifiziert. Diese sind auf Material- und Chargenschwankungen der Profile zurückzuführen. Weitere Einflussfaktoren sind variierende Lichtbedingungen, welche ebenfalls in den Versuchsplan mit aufgenommen werden. Unberücksichtigte Einflussgrößen sind der menschliche Einfluss, die Befestigung des Sensors und mögliche Kontaminationen des Werkstoffs. Zur Erstellung des Versuchsplans wird zuerst ein vollfaktorieller Versuchsplan mit einer Schrittweite von 0,1 mm erstellt. Aufgrund der großen Versuchsanzahl in dem vollfaktoriellen Setup (7938 Experimente) wird ein teilfaktorieller Versuchsplan abgeleitet, wobei die Einflussfaktoren und Faktorstufen anhand des extrahierten Fachwissens aus Abschnitt 6.1.1 auf die relevanten Bereiche reduziert werden (vgl. Tabelle 6.2). Der Sollspalt ist 0,2 mm und der Prozessbereich für eine korrekte Schweißung erstreckt sich bis ca. 0,6 mm, weshalb dieser Bereich explizit in dem teilfaktoriellen DoE untersucht wird. Zudem müssen auch Spaltgrößen außerhalb des Prozessfensters korrekt erfasst werden, welche durch die Erfassung des Nullspalts sowie den Spaltgrößen 1,0 mm bzw. 2,0 mm berücksichtigt sind. Der Versuchsraum für den beschriebenen Versuchsplan ist in Abbildung 6.6 visualisiert.

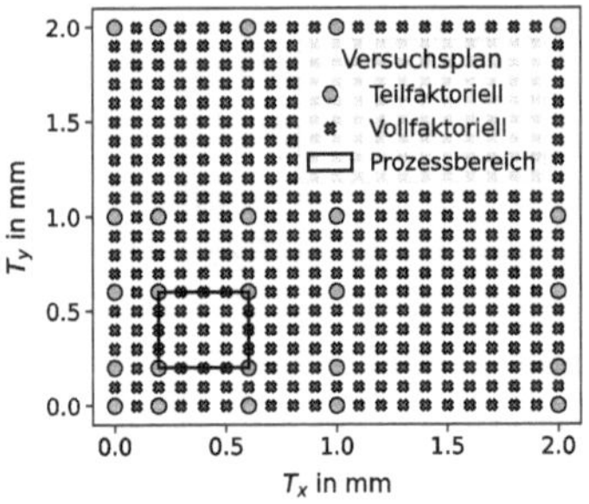

Abbildung 6.6 Darstellung des Versuchsraums zur Messfähigkeitsanalyse optischer 3D-Sensoren von unterschiedlichen Fügespaltgrößen zunächst ohne Berücksichtigung der Störgrößen

Als wesentliche Störgrößen werden in dem Versuchsplan zusätzlich noch die Profilrotationen und die Lichtbedingungen berücksichtigt. Eine Übersicht über die unabhängigen Variablen und Faktorstufen für den teilfaktoriellen Versuchsplan sind in Tabelle 6.2 aufgelistet.

Tabelle 6.2 Auflistung der unabhängigen Variablen und den dazugehörigen Faktorstufen für den teilfaktoriellen Versuchsplan

Unabhängige Variable	T_x in mm	T_y in mm	R_x	L
Faktorstufen	0,0	0,0	0°	L_0 = keine Beleuchtung
	0,2	0,2	2°	L_1 = frontal & rückseitig
	0,6	0,6		
	1,0	1,0		
	2,0	2,0		

Nach der in Abschnitt 5.3 dargestellten Versuchsmethode zur Entwicklung robuster Technologien nach Taguchi [195] werden Einflussfaktoren und Störgrößen gesondert betrachtet und einem inneren bzw. äußeren Feld zugeordnet. Diese Unterscheidung ermöglicht die Analyse der Messfähigkeit bei wechselnden Einflussfaktoren und die Überprüfung der Robustheit des Sensors unter dem Einfluss auftretender Störgrößen in einem bestimmten Teilbereich des Versuchsplans. Als Störgrößen werden der Einfluss äußerer Lichtquellen und die Rotation des Seitenprofils bestimmt. In Tabelle 6.3 ist eine verkürzte Darstellung des teilfaktoriellen Versuchsplans mit Untergliederung in ein inneres und ein äußeres Feld dargestellt.

Bei der Versuchsdurchführung wird zuerst anhand der beiden Kenngrößen Messrichtigkeit und Messpräzision die Messfähigkeit des Sensors bestimmt. Im Anschluss werden die Kenngrößen unter dem Einfluss der Störgrößen evaluiert, um so die Robustheit der Sensortechnik auf variierendes Umgebungslicht zu überprüfen.

Tabelle 6.3 Ausschnitt aus dem teilfaktoriellen Versuchsplan mit einer Aufteilung in ein inneres und äußeres Feld zur Bestimmung der Robustheit des Sensors gegenüber Störgrößen

	Inneres Feld			Äußeres Feld	
Vers. Nr.	T_x	T_y	T_0/L_0	R_x	L_1
1	–	–	+	–	–
2	–	+	+	–	–
⋮	…			…	
44	+	+	–	+	–
45	+	+	–	–	+

Durchführung der experimentellen Studie

Die Messfähigkeit zur Bestimmung des Fügespalts wird an vier unterschiedlichen Sensoren anhand des hergeleiteten Versuchsplans untersucht. Hierdurch kann der Einfluss des Messprinzips und sensorspezifischer Charakteristika gezielt untersucht werden. Die Sensormodelle mit den Messprinzipien und Charakteristika sind in Tabelle 6.4 zusammengefasst. Bei den LTS handelt es sich um Varianten der Firmen Keyence und EngRoTec, welche unterschiedliche Laserwellenlängen ($\lambda = 405\,\text{nm}$ und $\lambda = 660\,\text{nm}$) verwenden. Nach Song et al. [196] hat die Wellenlänge von 3D-Sensoren einen Einfluss auf das Reflektionsverhalten bei Aluminiumoberflächen, weshalb ein Unterschied in der Messfähigkeit zwischen den beiden LTS untersucht wird. Als weiteres optisches 3D-Messverfahren wird das Prinzip der Streifenlichtprojektion untersucht. Der Keyence CA-H500MX verwendet weißes Ringlicht zur Projektion der Streifen auf die Oberfläche und führt die Messung anhand einer zentral positionierten Kamera durch. Der Streifenlichtsensor (SLS) der Firma Micro-Epsilon nutzt hingegen zwei Kameras, wobei das Streifenlicht durch eine zentral positionierte blaue Beleuchtung auf das Messobjekt projiziert wird.

Tabelle 6.4 Übersicht zu den untersuchten 3D-Sensoren mit sensorspezifischen Charakteristika

Sensormodell	Messprinzip & Charakteristika	Darstellung
Keyence LJ-V7060	Lasertriangulation $\lambda = 405\,\text{nm}$	
EngRoTec VS2-H08	Lasertriangulation $\lambda = 660\,\text{nm}$	
Keyence CA-H500MX	Streifenlichtprojektion Ringlichtprojektion (weiß) Ein-Kamera Messung	
Micro-Epsilon SC 3D 3500	Streifenlichtprojektion Zentrallichtprojektion (blau) Zwei-Kamera Messung	

Die Messung des Spalts wird für jede Parametereinstellung 30 Mal wiederholt, um anhand der Standardabweichung (σ) die Messpräzision zu bestimmen [197]. Zur Vermeidung einer Überanpassung (engl. overfitting) durch Optimierung der Sensorparameter auf ein Aluminiumprofil, werden die Sensorparameter an Kalibrierungsprofilen eingestellt und die tatsächliche Messung an einem Testprofil durchgeführt. Die experimentellen Aufbauten für zwei Sensortypen sind in Abbildung 6.7 (a–b) dargestellt und der Aufbau mit der äußeren Störquelle (L_1) ist in Abbildung 6.7 (c) gezeigt. Die SLS werden direkt vor dem Spalt mittels Gelenkarm unter einem Einfallwinkel von 20° befestigt (vgl. Abb. 6.7 (a)). Die LTSs werden durch einen Roboter der Firma Kuka AG auf drei Messpositionen geführt, um den Spalt zu vermessen und daraus die Spaltgeometrie abzuleiten (siehe Abb. 6.7 (b)). Zur Bestimmung der Robustheit der Sensoren gegenüber einer äußeren Lichtquelle wird eine Belichtungseinheit (Keyence CA-DQP12X) entsprechend der Versuchsplanung frontal bzw. rückseitig ausgehend vom Sensor angebracht (vgl. rückseitigen Aufbau in Abb. 6.7 (c)).

(a) (b) (c)

Abbildung 6.7 Der Versuchsaufbau für einen fixierten Streifenlichtsensor (a), einen robotergeführten Lasertriangulationssensor (b) und einen Aufbau mit rückseitig angebrachter Störquelle (c)

Für die Spaltdetektion und Vermessung werden die internen Softwareumgebungen der jeweiligen Sensoren verwendet und jeweils Programme zur Auswertung der Sensordaten geschrieben. Für den LTS werden nach Abfahren der Messpositionen durch den Roboter jeweils drei Profilschnitte ausgewertet. In Abbildung 6.8 (a) ist ein solcher Profilschnitt gezeigt und exemplarisch das Vorgehen zur Spaltdetektion und Messung bei korrekter Bestimmung abgebildet. Durch die Bestimmung von vier Messfeldern werden die darin enthaltenen Messwerte zu Geraden interpoliert. Beginnend beim linken Bereich zur Kantenbestimmung (magenta) wird eine vertikale Gerade bestimmt, welche sich mit der horizontalen Geraden entstehend aus dem rechten Suchbereich aus der Ebene (orangefarbenes Rechteck) schneidet (S_1). Bei den Profilen gibt es zur besseren Schweißbarkeit eine Phase, anhand derer eine

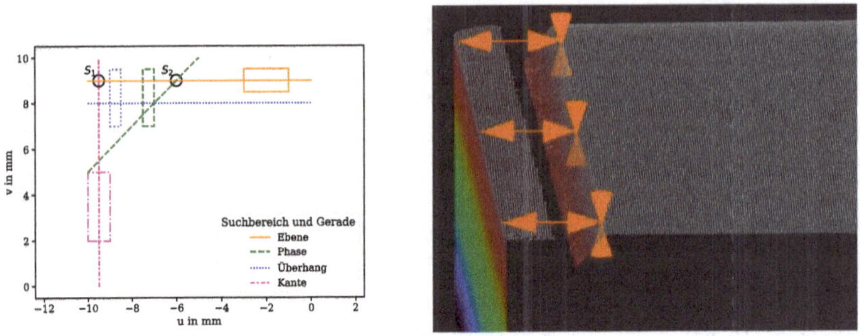

(a) (b)

Abbildung 6.8 In (a) ist ein 2D-Schnitt mit der Softwareauswertung zur Bestimmung der Fügespaltbreite und des Höhenversatzes dargestellt und in (b) zur Veranschaulichung die Messpunkte an drei verschiedenen Stellen zur Vermessung der Spaltgeometrie

Gerade unter einem Winkel von 45° interpoliert wird (grün). Hieraus entsteht ein Schnittpunkt mit der horizontalen Geraden (S_2), wobei der horizontale Abstand zwischen den beiden Schnittpunkten abzüglich der Profilstärke (2 mm) die Größe des Außenspalts definiert. Anhand des Überhangs wird eine weitere horizontale Linie definiert (blau), wobei der vertikale Abstand zwischen den beiden horizontalen Linien die Höhendifferenz zwischen den beiden Profilen und damit die Größe des Innenspalts definiert. Zur Bestimmung der Spaltgeometrie wird die Messung an den drei Bereichen, welche in Abbildung 6.8 (b) gezeigt sind, bestimmt. Durch eine sog. dynamische Nachführung werden die Suchbereiche zur Bestimmung der Geraden jeweils an den Profilschnitt angepasst, wodurch die Spaltvermessung automatisierbar ist.

Ergebnisse und Diskussion

Die Ergebnisse für die Bestimmung des Innen- und Außenspalts werden nacheinander für die vier untersuchten Sensormodelle dargestellt und diskutiert, wobei die Messdaten hinsichtlich physikalisch nicht sinnvoller Datenpunkte ($x < 0$ mm) bereinigt sind. Die Messgenauigkeit wird anhand der Abweichung zwischen Mittelwert der Messungen und der eingestellten Spaltgröße bestimmt. Die Präzision der Sensoren wird anhand der Standardabweichung quantifiziert. Bei der Richtigkeit wird ein Toleranzbereich von $\pm 0{,}2$ mm eingeführt, da aufgrund des Versuchsaufbaus (Einfluss durch Mensch und Prüfvorrichtung) eine Ungenauigkeit bei der Spalteinstellung nicht ausgeschlossen werden konnte. Die Messrobustheit wird durch einen

Hypothesentest zwischen den Daten aus dem inneren und äußeren Versuchsfeld bestimmt (vgl. Abschnitt 5.3).

Für den Keyence-LTS ($\lambda = 405\,\text{nm}$) sind die Ergebnisse für die Vermessung des Außenspalts in Abbildung 6.9 (a) dargestellt. Bei $x = 0{,}0\,\text{mm}$ und $x = 0{,}2\,\text{mm}$ kommt es zu zahlreichen, kontinuierlich verteilten Messausreißern bis maximal 2,5 mm. Anhand der Lage des Medians im Verhältnis zur Gesamtverteilung kann auf eine schiefe Verteilung geschlossen werden, womit die Daten außerhalb des Interquartilsabstands (IQAs) auf Fehlmessungen und nicht auf die tatsächliche Präzision des Sensors zurückzuführen sind. Der Sensor wird demnach durch Reflexionen an verschiedenen Stellen der glänzenden Materialoberfläche beeinflusst, was ein Indikator für eine geringe Robustheit ggü. Streulicht ist. Die wahre Spaltgröße ist durch eine gestrichelte Linie eingezeichnet und liegt beim Keyence-LTS jeweils

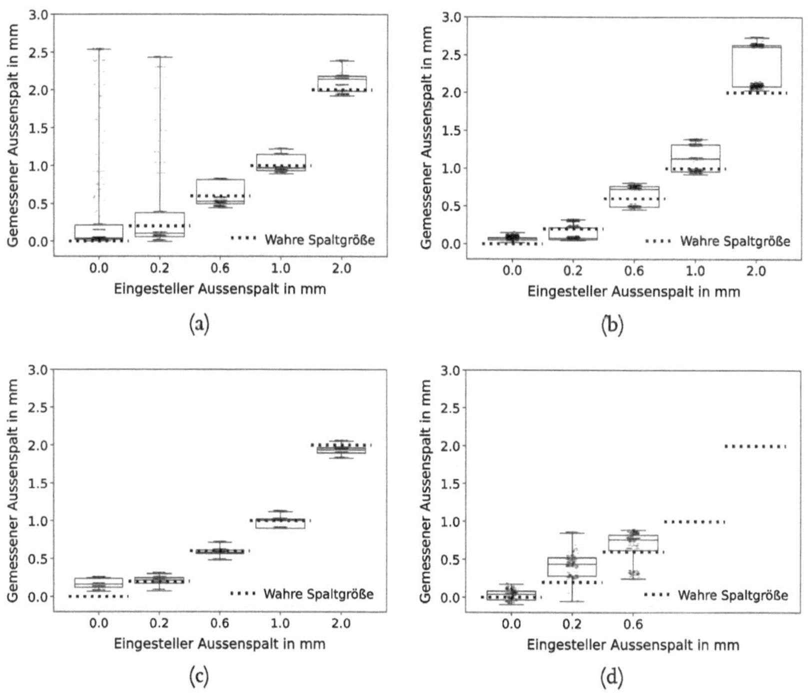

Abbildung 6.9 Die Ergebnisse des inneren Versuchsfeldes zur Analyse der Messfähigkeit des Außenspalts, wobei die Sensoren wie folgt dargestellt sind: (a) Keyence-LTS, (b) Engrotec-LTS, (c) Keyence-SLS und (d) Micro-Epsilon-SLS

im Bereich des Interquartils (IQs), wobei der IQA 0,2 mm bis 0,3 mm beträgt. Die Ergebnisse für den LTS der Firma Engrotec ($\lambda = 660$ nm) sind in Abbildung 6.9 (b) gezeigt. Die IQA für die mittleren Messbereiche liegen innerhalb der wahren Spaltgröße. Beim Nullspalt und dem Maximalspalt liegt der IQA oberhalb der wahren Spaltgröße. Anhand der eingezeichneten Messpunkte wird ersichtlich, dass die Messpunkte diskret verteilt sind, was auf eine Verschiebung in Folge der Translation in y-Richtung zurückzuführen ist. In der gezeigten Abbildung ist der Effekt durch T_y vermengt, da dieser für die weitere Diskussion unwesentlich ist. In Abbildung 6.9 (c) sind die Messergebnisse für den Keyence-SLS dargestellt, wobei eine vergleichsweise geringe Messstreuung und hohe Genauigkeit erkennbar ist. Einzig beim Nullspalt zeigt sich eine Diskrepanz zwischen wahrem Spalt und gemessenem Wert von ca. 0,2 mm, wobei die wahre Spaltgröße nicht innerhalb des IQA liegt. Die Ergebnisse des zweiten SLS von der Firma Micro-Epsilon sind in Abbildung 6.9 (d) abgebildet. Aufgrund einer nicht funktionsfähigen, dynamischen Nachführung innerhalb der Software konnten nur drei Spaltgrößen vermessen werden. Der Nullspalt wird von dem Sensor korrekt erkannt. Bei den weiteren Spaltgrößen liegt der IQA oberhalb der tatsächlichen Spaltgröße. Die Messdaten innerhalb der IQAs sind bei fast allen drei Messreihen kontinuierlich verteilt. Eine Ausnahme liegt bei $x = 0{,}6$ mm vor. Hier bilden mehrere Ausreißer an einer bestimmten Stelle ein Cluster. Dies ist wie bereits erwähnt auf die fehlende dynamische Nachführung in der Sensorsoftware zurückzuführen.

Neben der Vermessung des Außenspalts wird auch der Innenspalt indirekt über den Höhenversatz zwischen den beiden horizontalen Geraden aus Abbildung 6.8 (a) bestimmt. Die Ergebnisse zu diesen Untersuchungen sind in Abbildung 6.10 für die jeweiligen Sensoren dargestellt. Insgesamt ist die Messrichtigkeit und Präzision bei diesen Untersuchungen im Vergleich zu den Außenspaltversuchen größer. Auffällig ist eine tendenzielle Überschätzung des Nullspalts bei beiden LTS, wobei dies auf eine fehlerhafte Kantendetektion zurückzuführen ist. Die Ergebnisse des Micro-Epsilon-SLS zeigen bis zu einer Spaltgröße von 0,6 mm eine hohe Genauigkeit und Präzision. Über diesen Bereich hinaus konnten allerdings keine sinnvollen Messungen aufgrund der nicht vorhandenen dynamischen Nachführung vorgenommen werden.

Das äußere Versuchsfeld des DoEs dient zur Evaluation der Robustheit gegenüber Störgrößen, wie einer Rotation des seitlichen Profils oder äußeren Lichtquellen. Zur Bestimmung des Einflusses werden die Verteilungen der jeweiligen Messdaten mit denen des inneren Versuchsfeldes verglichen und mittels Signifikanztest ($\alpha = 0{,}05$) ausgewertet. Die Messdaten für die Erfassung des Innenspalts durch die Sensoren unter Einfluss von Störquellen sind repräsentativ in Abbildung 6.11 dargestellt. Die Ergebnisse für den Keyence-LTS führen zu einer Ablehnung der

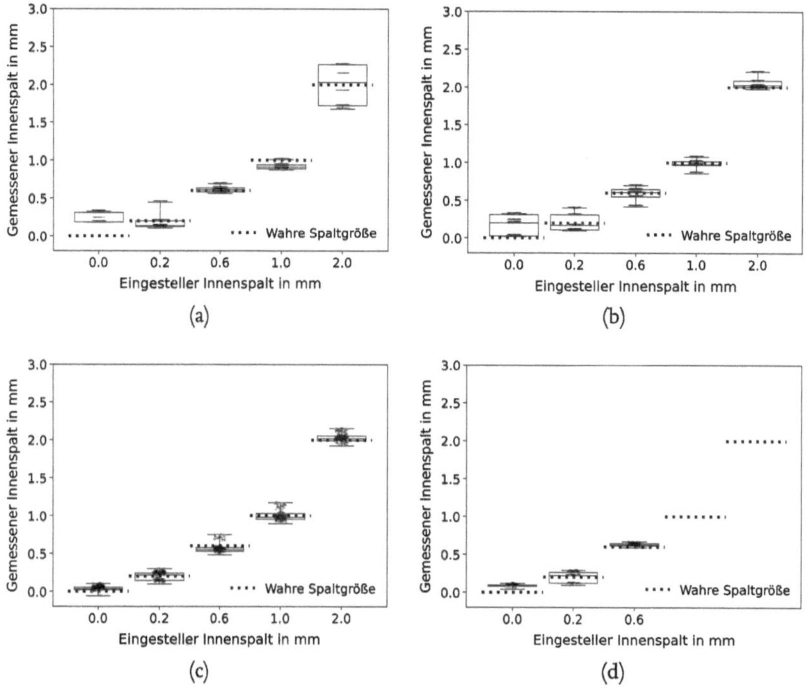

Abbildung 6.10 Die Ergebnisse des inneren Versuchsfeldes zur Messfähigkeitsanalyse des Innenspalts durch indirekte Bestimmung über den Höhenversatz, wobei die Sensoren wie folgt dargestellt sind: (a) Keyence-LTS, (b) Engrotec-LTS, (c) Keyence-SLS und (d) Micro-Epsilon-SLS

Nullhypothese aufgrund des Einflusses von Umgebungslicht (p-Wert: $3 \cdot 10^{-10}$). Beim LTS der Firma EngRoTec wird die Nullhypothese akzeptiert (p-Wert: 0,24), weshalb von einer ausreichenden Messrobustheit auszugehen ist. Die Ergebnisse stehen im Gegensatz zu der These von Song et al. [196], wonach kurzwelliges Laserlicht (Keyence-LTS: 405 nm) weniger sensitiv auf Umgebungsbedingungen ist als langwelliges Laserlicht (EngRoTec: 660 nm). Die Notwendigkeit einer Prüfung der Datenquelle in einem ML-System wird hieran nochmals deutlich, da fehlerhafte Annahmen/ Thesen über geeignete Sensoren zu einer starken Beeinträchtigung des Gesamtsystems führen können. Bei den Untersuchungen hinsichtlich des Einflusses äußerer Lichtquellen konnte keine Messung mit dem Keyence-SLS durchgeführt werden, da das projizierte Weißlicht zu stark von der externen weißen

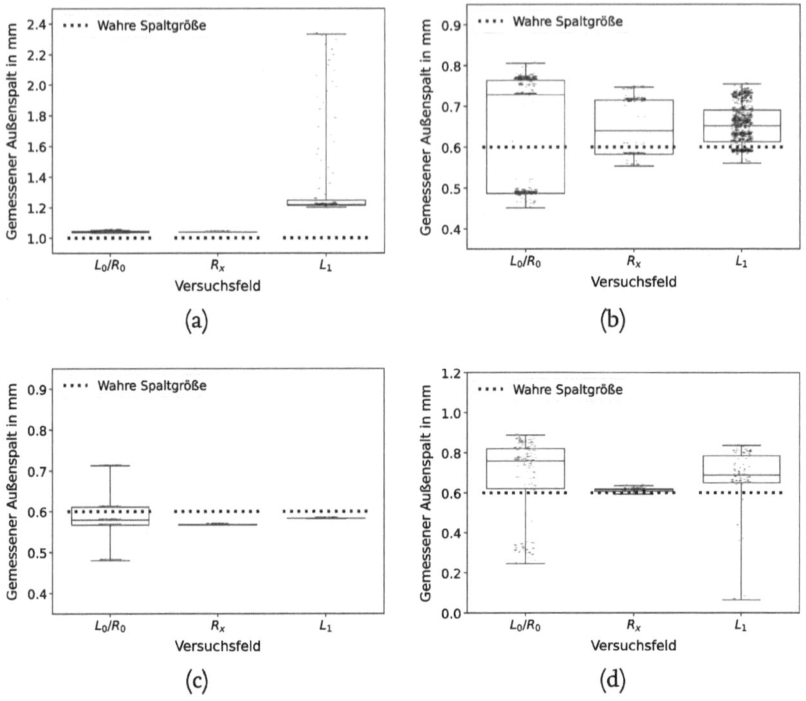

Abbildung 6.11 Ergebnisse des äußeren Versuchsfeldes des DoEs zur Analyse der Robustheit der Sensoren bei der Erfassung des Außenspalts unter dem Einfluss verschiedener Störgrößen. Die Sensoren sind: (a) Keyence-LTS, (b) Engrotec-LTS, (c) Keyence-SLS und (d) Micro-Epsilon-SLS

Lichtquelle beeinflusst wird. Hierdurch lässt sich auf eine unzureichende Robustheit des Keyence-SLS gegenüber den auftretenden Lichtquellen schließen. Die ermittelten p-Werte für den Micro-Epsilon-SLS liegen zwischen $0,16$–$0,47$, weshalb die Nullhypothese akzeptiert und von einer ausreichenden Robustheit gegenüber dem äußeren Versuchsfeld ausgegangen wird. Der Unterschied zum Keyence-SLS liegt in der Verwendung von blauem Licht zur Streifenprojektion, welche nicht durch die externe Lichtquelle beeinflusst wird. Die Messrobustheit von Streifenlichtprojektoren gegenüber äußeren Lichtquellen ist entsprechend nur dann gewährleistet, wenn die Helligkeit des Störlichts deutlich kleiner ist oder in einem anderen Farbspektrum liegt als das Projektionslicht.

Zur Auswahl der geeigneten Sensorik sind die Genauigkeit und Präzision, sowie die gültigen Hypothesen des äußeren Versuchsfeldes in Tabelle 6.5 gegenübergestellt und die jeweils geeignetsten Werte für eine Umsetzung in der Fertigung unterstrichen. Ersichtlich ist die deutlich höhere Messgenauigkeit (Messrichtigkeit und Messpräzision) bei der indirekten Innenspaltmessung im Vergleich zur Messung des Außenspalts. Zudem weisen die SLS eine genauere Spaltbestimmung und geringere Messunsicherheit auf als die LTS.

Tabelle 6.5 Zusammenfassung und Bewertung der Analyse zur Messfähigkeit des inneren und äußeren Fügespalts am MEB-Batteriegehäuserahmen für die untersuchten Sensoren. Der jeweils beste Wert ist der Übersichtlichkeit halber unterstrichen

Sensor / Metrik	Keyence-LTS	EngRoTec-LTS	Keyence-SLS	Micro-Epsilon-SLS
R Außenspalt	0,15	0,12	0,01	0,11
P Außenspalt	0,18	0,17	0,08	0,12
H_X Außenspalt	$\mathrm{H_1}$ ($\mathrm{L_1}$)	$\mathrm{H_0}$	$\mathrm{H_1}$	$\mathrm{H_0}$
R Innenspalt	0.04	0.04	0.01	0.04
P Innenspalt	0.13	0.08	0.03	0.04
H_X Innenspalt	H_0	H_0	H_1	H_0

Die untersuchten Lasertriangulationssensoren zeigen für den dargestellten Anwendungsfall eine geringere Präzision und Richtigkeit im Vergleich zum Sensor mit strukturiertem Licht, wobei dies auf Fehlreflektionen an der Aluminiumoberfläche zurückzuführen ist. Zudem konnte eine unzureichende Robustheit des Keyence-LTS gegenüber äußeren Lichtquellen gezeigt werden, was entweder zu einem Ausschluss des Sensors für das ML-System führt oder aber durch entsprechende anlagentechnischen Maßnahmen (z. B. Fremdlichtabschirmung) berücksichtigt werden muss. Für den dargestellten Anwendungsfall zeigt die Messung über Streifenlichtprojektion eine höhere Messgenauigkeit, weshalb ein Sensor basierend auf diesem Messprinzip eine geeignetere Datenquelle darstellt. Der Keyence-SLS liefert die höchste Präzision und Richtigkeit, muss aber zwingend gegenüber Fremdlicht abgeschirmt werden (Anlagentechnische Anforderung). Der SLS der Firma Micro-Epsilon ist zum Zeitpunkt dieser Untersuchung aufgrund der Software limitiert, zeigt aber insbesondere aufgrund der Messrobustheit vielversprechende Ergebnisse. In einer Entwicklungsphase muss abgeschätzt werden, ob eine entsprechende

Softwareentwicklung im Zeitrahmen liegt. Die variierende Messfähigkeit der Sensoren zeigt die Notwendigkeit der korrekten Sensorauswahl bei der Entwicklung industrieller ML-Systeme. Die durch den Sensor verursachte aleatorische Unsicherheit verbleibt in dem System und mindert die Vorhersagegenauigkeit der ML-Modelle. Der Einfluss der Messgenauigkeit auf die Modellierung wird Abschnitt 6.1.4 diskutiert.

6.1.3 Entwicklung eines Fuzzy-Modells

Die Prädiktion der Schweißbarkeit und Schweißnahtqualität unterliegt aufgrund inhärenter Prozessschwankungen einer gewissen Unschärfe, wobei dieser Effekt insbesondere in den Randbereichen der Prozessbereiche ($x_A = 0{,}2\,\text{mm}$ bis $0{,}6\,\text{mm}$ und $x_I = 0{,}2\,\text{mm}$ bis $0{,}8\,\text{mm}$) verstärkt zu berücksichtigen ist (vgl. Abschnitt 6.1.1). Ein wesentlicher Bestandteil bei der Entwicklung maschineller Lernverfahren ist die Berücksichtigung solch technischen Fachwissens bei der Entwicklung von Modellen. Bei prädiktiven Modellen ist die einfachste Variante eine binäre Klassifikation, wobei ein sog. Bool'sches Modell für den beschriebenen Anwendungsfall eine technisch inkorrekte Modellbildung darstellt und falsche Vorhersagen trifft. Pseudofehler und Fehlalarme durch technische Systeme führen bei Mitarbeitern zu einer Ermüdung (engl. Alert fatigue) und daraus folgend zu einer Nichtbeachtung der Vorhersagen im Betrieb [198]. In industriellen Anwendungen ist ein bereits definierter KPI von Systemen die Robustheit gegenüber akzeptierten Fertigungsschwankungen, was der Vermeidung von Pseudofehlern entspricht (Fehler 1. Art). Eine Theorie, welche unscharfe Übergänge sowie sich ändernde Wahrscheinlichkeiten anhand qualitativer Aussagen mathematisch beschreibbar macht, ist die sogenannte Fuzzylogik (oder Unschärfelogik), weshalb für diese Anwendung ein Fuzzy-Modell als geeignete Modellierungsart bestimmt wird. Die Programmierung und Implementierung ist in der Python-Umgebung SciKit-Fuzzy durchgeführt worden.

Zur Modellierung wird das erhobene Expertenwissen zur Erstellung des Zusammenhangs zwischen sich änderndem Fügespalt und Schweißbarkeit als zugrundeliegende Wahrheit angenommen. Dieser Ansatz ermöglicht eine Reduzierung von zeit- und kostenintensiven Experimenten und ermöglicht die Berücksichtigung von Erfahrungswerten bei der Modellierung. Die Antworten der befragten Experten ergaben, dass es neben dem definierten Prozessbereich einen Übergangsbereich gibt, in dem die Nahtqualität sukzessive abnimmt. Zudem unterscheiden sich die Prozessfenster beim Innenspalt (Kehlnaht) und bei der Außennaht (HV-Naht). Weitere Informationen zu den schweißtechnischen Hintergründen sind in Abschnitt 6.1.1 erläutert. Zur Modellbildung werden bei Fuzzy-Modellen Eingangsvariablen mit einer Zugehörigkeitsfunktion (engl. Membership function) definiert, wobei die Entwicklung des Fuzzy-Modells für den Außenspalt x_A in Abbildung 6.12 dargestellt ist. Die Eingangsvariable für das Modell ist die mittels Sensorik bestimmte Fügespaltgröße (siehe Abb. 6.12 (a)). Durch die Definition linguistischer Variablen (siehe Abb. 6.12 (b)) werden Regeln zum Sachverhalt definiert, welche in geeigneter Art und Weise mit den Eingangsvariablen kombiniert werden. Die Defuzzifizierung und das Aufstellen von Regeln ermöglichen eine Quantifizierung der qualitativen Zusammenhänge, welche durch das Fuzzy-Modell abgebildet werden. Somit wird die Vorhersage unscharfer Übergänge möglich und eine Vorhersage der Wahrscheinlichkeit der Schweißbarkeit bei gegebener Größe des Außenspalts ($P_A(W \mid x_A)$) (siehe Abb. 6.12 (c)). Zu Vergleichszwecken ist auch ein Bool'sches Modell mit sprunghaften Übergängen abgebildet, wodurch der Unterschied zwischen den beiden Modellierungsarten deutlich wird.

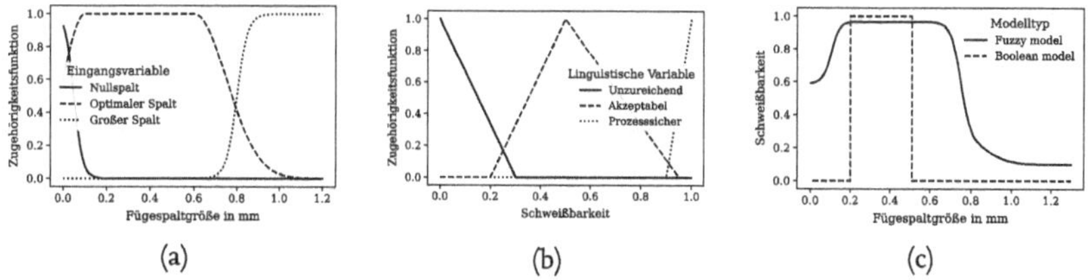

Abbildung 6.12 Die Entwicklungsschritte bei der Modellbildung, mit (a) der Beschreibung der Eingangsvariablen, (b) Definition der linguistischen Variablen und (c) der Prädiktion der Schweißbarkeit durch das Fuzzy-Modells und eines Bool'schen Modells

Zur Prädiktion der Schweißbarkeit des Bauteils muss der oben beschriebene Entwicklungsprozess auch für den Innenspalt durchgeführt werden. Im Anschluss prognostiziert das Fuzzy-Modell für jedes Bauteil ein Set, bestehend aus den Vorhersagen für beide Fügespalte. Zur Gesamtvorhersage der Bauteilschweißbarkeit ($P(W)$) wird der niedrigere Wert im Set verwendet ($argmin(P_I(W \mid x_I), P_A(W \mid x_A)$).

6.1.4 Evaluation durch Quantifizierung der Unsicherheit des KI-Systems

Zur Evaluation des ML-Systems werden zehn Testschweißungen durchgeführt und die resultierende Schweißnahtqualität/Schweißbarkeit (y_{truth}) mit der Modellvorhersage verglichen. Im Anschluss wird die epistemische sowie aleatorische

Unsicherheit bestimmt. Hierdurch kann das System zielgerichtet optimiert und die maximal erreichbare Systemfähigkeit bestimmt werden. Die Ergebnisse der experimentellen Daten sowie die Modellvorhersagen unter wechselndem Fügespalt sind in Abbildung 6.13 (a) gezeigt. Bei einem kleinen Fügespalt (x $<$ 0,2 mm) ist eine maximale Abweichung von 20 % zwischen der Modellvorhersage und den experimentellen Daten sichtbar. Innerhalb des Prozessregimes ($x = 0{,}2$ mm bis 0,6 mm) stimmen die Modellvorhersagen mit den experimentellen Daten überein. Mit zunehmendem Fügespalt ($x < 0{,}6$ mm) ist ein weiterer Übergangsbereich sichtbar, wobei das Modell die Schweißnahtqualität unterschätzt. Ab einer Fügespaltgröße von 0,7 mm kommt es zu ersten kleinen Unregelmäßigkeiten im Anbindungsbereich der Schweißnähte, welche erste Anzeichen für das Verlassen des Prozessbereichs darstellen. Mit zunehmendem Fügespalt kommen weitere Fehlerbilder wie Einschnürungen bei den Nähten hinzu, welche in ihren Ausprägungen zunehmen. Ab einem Fügespalt von 1,0 mm besteht keine Verbindung mehr zwischen den Fügepartnern. In Abbildung 6.13 (b) ist die Modellvorhersage unter Berücksichtigung der Messungenauigkeit des Keyence-LTS ($\sigma = 0{,}18$) und des Micro-Epsilon-SLS ($\sigma = 0{,}04$) aus Abschnitt 6.1.2 visualisiert. Die vergleichsweise geringe Messpräzision des Keyence-LTS führt zu einem großen Konfidenzintervall bei der Modellvorhersage (grün schattierter Bereich). Bei zulaufendem Fügespalt ($\lim_{x \to 0}$) ist ein sprunghaftes Verhalten und ein großer Vorhersagefehler zu erkennen, was auf die inkorrekte Erfassung kleiner Spalte des Keyence-LTS zurückzuführen ist (vgl. Abschnitt 6.1.2). Im Übergangsbereich bei ca. $x = 0{,}6$ mm ist keine sinnvolle Modellvorhersage mehr möglich, da die Prädiktion aufgrund des Messrauschens den gesamten Abbildungsbereich des Fuzzy-Modells umfasst. Die Vorhersagekurve für ein System mit dem Micro-Epsilon-SLS verläuft insgesamt in kleinen Residuen entlang der

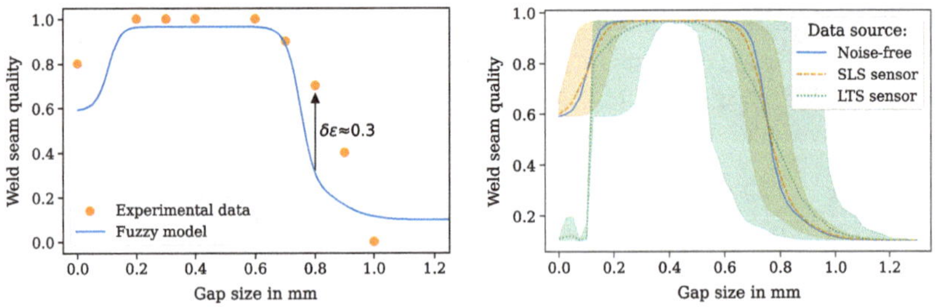

(a) Epistemische Unsicherheit

(b) Aleatorische Unsicherheit

Abbildung 6.13 Differenzierung der epist. und aleat. Unsicherheit in dem entwickelten ML-System [117] idealen Vorhersagekurve, was auf die höhere Präzision bei der Erfassung des Fügespalts zurückzuführen ist. Der angegebene Konfidenzbereich für das SLS-System zeigt die Vorhersageunschärfe, welche in den Randbereichen eine Spannweite bis zu 50 % besitzt.

Die Differenz zwischen der Grundwahrheit und dem prädiktiven Modell in 6.13 (a) ist die epistemische Unsicherheit, welche auf unzureichende Informationen/Fachwissen über das Schweißverhalten zurückzuführen ist. Diese wird nach Gleichung 5.1 auf 0,11 quantifiziert. Diese Werte müssen anschließend in dem anwendungsspezifischen Kontext betrachtet werden. In einem industriellen Kontext sind die Prozessränder, oder statistisch ausgedrückt, die Werte an den Rändern eines normalverteilten Fertigungsprozesses $x \notin \mu \pm 3\sigma$, von besonderer Bedeutung, da hier die vorherzusagenden Fehler entstehen. Ein naiver Ansatz zur Reduktion der epist. Unsicherheit (EU) wäre entsprechend die Vergrößerung des Datensatzes durch ungerichtetes Datensampling aus einer Normalverteilung, da so die EU zwar absinken würde, jedoch die Fähigkeit des Systems in den Grenzbereichen nur bei $\lim_{N \to \infty}$ auch entsprechend adressiert wird. Eine Analyse der einzelnen Sets und die lokale Betrachtung der EU in den besonders relevanten Bereichen bietet hingegen die Möglichkeit in dem Stadium der Technologieentwicklung frühzeitig die EU des ML-Systems gezielt zu reduzieren und damit die Basis für die nachfolgende Industrialisierung zu legen. In dem beschriebenen Anwendungsszenario zeigt sich, dass die Bereiche hoher EU hauptsächlich in den Übergangsbereichen auftreten. Eine zielgerichtete Systemoptimierung sieht entsprechend ein Datensampling und einer daraus folgenden Informationsgewinnung an diesen Prozessrändern vor.

Die aleat. Unsicherheit (AU) wird anhand des mittleren Konfidenzintervals (95 %) für den Bereich $x \in [0, 1]$ und der absoluten Abweichungen zwischen dem Mittelwert des idealisierten Modells und den Systemvorhersagen mit LTS und SLS als Datenquelle bestimmt. Die gemittelten Vorhersagen bei Verwendung des SLS führen zu keiner Abweichung, wobei die mittlere aleat. Unsicherheit aufgrund des Messrauschens bei 0,15 liegt. Für den LTS liegt die mittlere Abweichung bei 0,1 und der Anteil aufgrund des Messrauschens bei 0,34. Die summierte AU der Vorhersagegenauigkeit mit einem LTS ist drei mal größer als für ein System mit dem SLS. Der Einfluss der Sensorik auf die Leistungsfähigkeit des Gesamtsystems wird hieran erkennbar, da es keine Möglichkeit gibt, diesen Anteil nach Festlegung der Datenquelle zu optimieren. Ein weiterer Anteil der AU entsteht zudem durch inhärentes Rauschen in erhobenen Daten, wie dem unterschiedlichen Ausgang von (scheinbar) gleichen Experimenten (siehe Details in Kapitel 5). Die gesamte Unsicherheit des ML-Systems wird anhand der Summe der epist. und aleat. Unsicherheit gebildet, wodurch die Gesamtunsicherheit des Systems mit einem SLS bei 0,26 liegt. Der bestmöglich erreichbare Wert durch vollständige Eliminierung des epist. Fehlers beträgt 0,15, wobei dieser Wert die maximal erreichbare Vorhersagegenauigkeit des System definiert. Durch Abgleich mit den vorab definierten Anforderungen können nach Abschluss dieser Entwicklungsphase die Erfolgsaussichten für eine Industrialisierung abgeschätzt werden. Bei Nicht-Erreichbarkeit der Anforderungen ist es durch die vorgestellte Methode zur Gewährleistung der Industrialisierung von ML-Systemen somit möglich, kostenintensive Industrialisierungsprojekte entsprechend der Zehnerregel der Fehlerkosten frühzeitig zu vermeiden.

6.2 Prozessmonitoring in der additiven Fertigung

In einer Fertigungsanlage zur additiven Fertigung metallischer Bauteile mittels PBF-LB/M wird untersucht, ob durch eine Analyse der Prozessdaten eine ausreichende Datenqualität für die Erkennung von Defekten in den erhobenen Daten vorliegt. Hierbei wird die dritte Hypothese Abschnitt aus 5.2 zur Entwicklung maschineller Lernverfahren untersucht.

6.2.1 Technische Beschreibung und Anforderungen der Fertigungsanlage

Die additive Fertigung entspricht nach DIN 8580 dem Herstellungsprozess des Urformens, wobei aus formlosen Stoffen ein festes Bauteil erzeugt wird. Beim PBF-LB/M wird metallisches Pulver schichtweise aufgetragen und mittels Laserstrahl verschmolzen. Auf eine detaillierte Beschreibung des Herstellungsverfahrens wird in dieser Arbeit verzichtet und auf die Fachliteratur verwiesen [199–203]. In dieser Studie werden Materialproben aus kommerziell erhältlichem 15-5 PH Stahl mittels PBF-LB/M in der Fertigungsanlage EOS M290 der Firma EOS GmbH (Krailing, Deutschland) hergestellt. Diese besitzt einen 400 W Laser der Firma IPG Laser GmbH (Burbach, Deutschland). Die Fertigungsparameter Laserleistung (P_L), Lasergeschwindigkeit ($\vec{v}_L$), Hatchabstand (h_L) und Schichtstärke (t_l) zur Herstellung der Bauteile sind in Tabelle 6.6 aufgelistet. Als Schutzgas wird Stickstoff (N_2)

Tabelle 6.6 Prozessparameter zur Fertigung von Bauteilen aus 15-5 PH Stahl mittels PBF-LB/M zur Erreichung einer relativen Dichte $\geq$ 99,9 %

P_L	$\vec{v}_L$	h_L	t_l
170 W	1085 mm/s	0,1 mm	0,02 mm

verwendet und eine Scanstrategie ohne Konturhatch und mit einer Rotation um 67° nach jeder Schicht. Der Bauraum der Fertigungsanlage wird auf 100 °C zur Reduzierung mechanischer Spannungen aufgeheizt.

Der prinzipielle Aufbau der PBF-LB/M-Anlage mit der On Axis und Off Axis Photodiode zur Prozessüberwachung ist in Abbildung 6.14 dargestellt. Beide Photodioden besitzen eine Abtastfrequenz von 60 kHz und geben die relative Intensität eines Signals integriert über einen spezifischen Wellenlängenbereich wieder. Das Off Axis Signal entspricht der eulerschen Betrachtungsweise, wobei der Sensor nicht dem Laserfokus folgt und Emissionen aus der gesamten Baukammer aufgenommen werden. Dem gegenüber steht das Lagrangesche Messprinzip der On Axis Photodiode, welche dem Laserstrahl folgt und die thermischen Emissionen des Schmelzbads im Wellenlängenbereich von 450 nm bis 850 nm aufnimmt [204, 205]. Das On Axis Signal wird entsprechend der Lagrangeschen Betrachtungsweise mit den Ortskoordinaten des Laserfokus im Bauraum abgespeichert. Bei einer Photodiode werden durch Strahlung freie Ladungsträger erzeugt, wodurch ein messbarer Strom erzeugt wird. Nach dem Stefan-Boltzmann Gesetz ist die Intensität der Strahlung eines Körpers proportional zu dessen Temperatur ($I \propto T^4$), weshalb das Datensignal der On Axis Photodiode Informationen über die Temperatur des Schmelzbades enthält. Hierdurch können lokal auftretende Prozessänderungen im Schmelzbad detektiert werden, welche zu metallurgischen Defekten und damit häufig einhergehender Veränderung der relativen Dichte führen [206, 207].

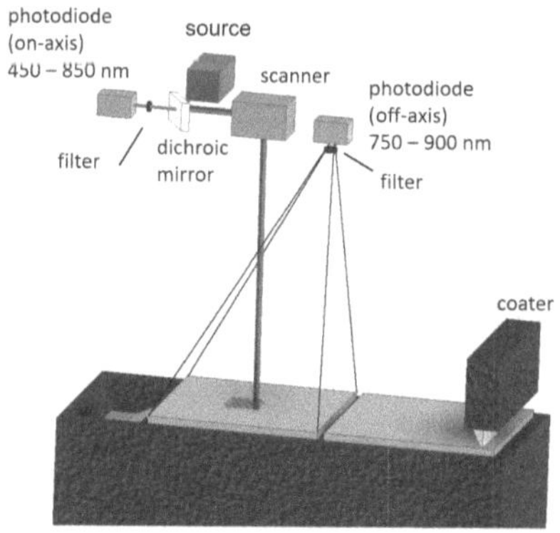

Abbildung 6.14 Schematische Darstellung der Fertigungsanlage des PBF-LB/M mit den Photodioden des On Axis und Off Axis Signals zur Prozessüberwachung. (Nach [84])

Die Bauteile werden mittels CT auf ihre lokale relative Dichte (ρ_{rel}) und auf lokale metallurgische Defekte hin untersucht. Hierfür wird ein exaCTS90 μ-CT der Firma Wenzel Group GmbH & Co. KG (Wiesthal, Deutschland) mit einer Spannung von 130 kV und 59 μA Stromstärke verwendet. Die Auflösungsgrenze liegt bei eine Voxelgröße von 8 μm. In Voruntersuchungen wurde der maximal untersuchbare Probendurchmesser auf 3 mm verifiziert. Zur eindeutigen Bestimmung der Schichten aus dem Herstellungsprozess und der Werkstoffprüfung mittels CT wurden Referenzpunkte und Markierungen in die Proben konstruiert. In Abbildung 6.15 (a–b) sind die Bauteilproben mit den konstruktiven Höhenmarkierungen dargestellt. Mehrere Studien zeigen einen Unterschied in der Mikrostruktur und relativen Dichte in Abhängigkeit zur Bauteilhöhe [208, 209]. Das Ziel der Werkstoffprüfung war die Lokalisierung metallurgischer Defekte auf eine mögliche Abhängigkeit in Bezug zur radialen Position.

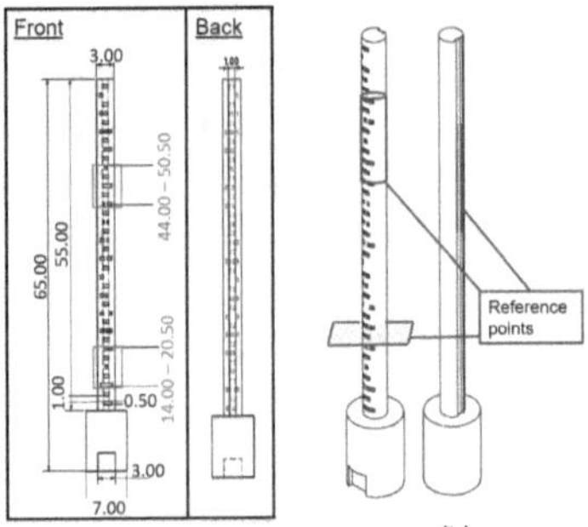

Abbildung 6.15 Schematische Darstellung der Probekörper mit den konstruktiven Merkmalen zur Orientierung in der CT-Analyse. (Nach [84])

6.2.2 Analyse von Prozessdaten mittels unüberwachter maschineller Lernverfahren

Aus dem Herstellungsprozess der Bauteile mittels PBF-LB/M werden insgesamt mehr als 40 Mio. Sensordaten des On Axis Signals und deren lokalen Position in der einer Datenbank abgespeichert. Hierbei handelt es sich um eine Zeitreihe, wobei in Abbildung 6.16 (a) ein Ausschnitt des Sensorsignals dargestellt ist. Bei der Betrachtung des Zeitreihensignals wird klar ersichtlich, dass eine manuelle Mustererkennung nicht möglich ist, da diese in der großen Anzahl an Messpunkten unerkannt bleiben. Zur Untersuchung der Daten mittels unüberwachter

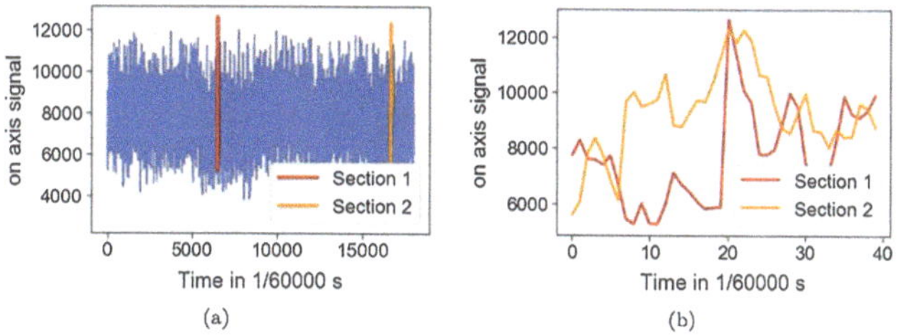

Abbildung 6.16 In (a) ist ein Ausschnitt des Zeitreihensignals der On Axis Photodiode mit der visuellen Darstellung von zwei Abschnitten zur Bildung des Datensatzes abgebildet. In (b) sind die beiden Abschnitte für die Aufnahme in den Datensatz gezeigt. Das Bild zeigt exemplarisch die Zerlegung des Zeitreihensignals mit Berücksichtigung hoher Intensitätswerte [84]

ML-Verfahren wird das Zeitreihensignal zunächst in kürzere Abschnitte unterteilt, um so unbekannte Muster in dem Signal zu detektieren. Die Routine zur Erzeugung des auszuwertenden Datensatzes ist in Abbildung 6.16 abgebildet. Zunächst wird eine univariate Anomaliedetektion mit einem Schwellwert der Intensität von 12 000 gesetzt. Für jeden Datenpunkt oberhalb dieses Schwellenwertes werden die 20 vorherigen und 19 nachfolgenden Datenpunkte hinzugefügt und somit Daten mit 40 zeitlich aufeinander folgenden Sensorsignalen zusammengesetzt. Die hohen Intensitätswerte der Photodiode stellen eine Abweichung vom normalen Prozess dar und in zahlreichen Studien wird dies mit der Bildung metallurgischer Defekte korreliert [206–208]. Insgesamt enthält der abschließende Datensatz rund 60000 solcher Zeitreihen. Die große Anzahl hochdimensionaler Daten kann nur durch eine automatisierte Datenanalyse ausgewertet werden, wobei dies durch den Clusteralgorithmus Density Based Spatial Clustering of Applications with Noise (DBSCAN) realisiert wird [210]. Als Eingang für den Algorithmus dienen die 40-dimensionalen Datensignale und als Ausgabe werden Sets von Clustern ausgegeben. Bei dem DBSCAN werden Datenpunkte aus einer sog. Nachbarschaft zu einem Cluster zusammengeführt, wobei die Nachbarschaften anhand der Euklidischen Norm der Datenpunkte zueinander und einem Parameter zur Bestimmung des Radius (ϵ) definiert werden. Die wesentlichen Vorteile des DBSCAN sind zum einen die Robustheit gegenüber verrauschten Daten, da nicht interpretierbare Daten einem speziellen Cluster für Rauschen zugeordnet werden. Zum anderen wird die Anzahl der Cluster automatisch gebildet, wobei dies besonders bei Unkenntnis über die Anzahl vorhandener Klassen einen wesentlichen Vorteil für die Detektion unbekannter Muster in Daten bietet. Dies gibt einen Vorteil gegenüber der Verwendung anderer Clusteralgorithmen wie der weit verbreitete k-means-Algorithmus, bei dem die Anzahl an Clustern vorgegeben wird [55, 211]. Das unüberwachte ML-Verfahren wird in der Python-Umgebung scikit-learn implementiert [212].

Bei der Verwendung des DBSCAN ohne Parametrisierung wurden mehrere zufällig ähnliche Cluster gebildet. Nach einer Parametrisierung von ϵ durch eine sukzessive Erhöhung zwischen 0,4 bis 0,9 mit einer Schrittweite von 0,01 wird bei $\epsilon = 0,55$ drei Klassen mit deutlich verschiedenen Datensignaturen detektiert. Die erste Klasse besteht aus Datenpunkten mit einem schlagartigen Anstieg der Intensität und schneller Relaxation wie es in Abbildung 6.17 (a) sichtbar ist. Bei Betrachtung der Ortskoordinaten wird deutlich, dass das Muster in den Daten nach einer Umkehr des Lasers auftritt. Der Verlauf der Lasertrajektorie mit dem entstehenden Intensitätsverlauf ist in Abbildung 6.17 (b) dargestellt. Die Daten im zweiten gefundenen Cluster zeigen ein vergleichsweise ähnliches Muster mit einem weniger steilen Anstieg des On Axis Signals, wobei dieses ebenfalls an den Bauteilgrenzen lokalisiert wird. Die verbliebenen Daten werden dem Cluster für verrauschte Daten zugeordnet. Das beobachtete charakteristische Datensignal am Randbereich des Bauteils lässt auf lokal unterschiedliche thermische Bedingungen während der Fertigung schließen, wobei diese an den Umkehrpunkten des Laserschmelzvorgangs entsteht [84].

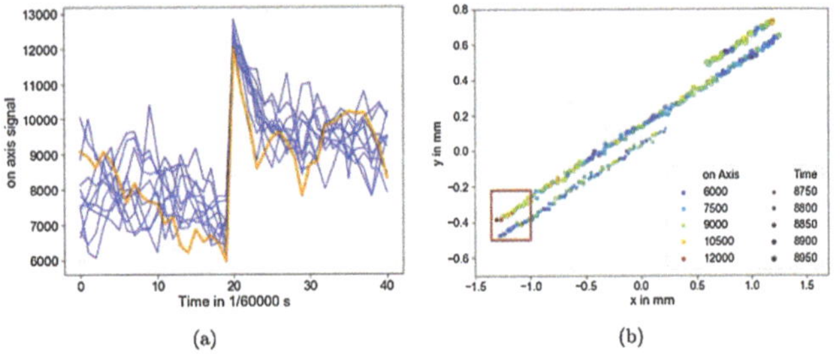

Abbildung 6.17 In (a) sind zehn Verläufe des gebildeten DBSCAN-Clusters mit dem charakteristischen, schlagartigen Intensitätssignal und der Relaxation des Sensorsignals dargestellt. In (b) ist die lokale Abfolge der Datensignatur entlang der zeitlich verlaufenden Lasertrajektorie (Größe) und der Intensitätswerte (Farbe) abgebildet. Das Datenmuster entsteht nach der Umkehr des Laserfokus [84]

6.2.3 Finite-Elemente Simulation zur Erklärung des Datensignals

Durch die Verwendung eines unüberwachten maschinellen Lernverfahrens zur Analyse eines großen Datensatzes wurde ein spezifisches Photodiodensignal mit einer signifikant erhöhten Intensität im Randbereich detektiert. Die Signalintensität ist maßgeblich durch die Temperatur des Schmelzbades beeinflusst, weshalb von einem unterschiedlichen Temperaturverlauf zwischen dem Randbereich und dem Inneren der Probe während des Herstellungsprozesses ausgegangen wird [213]. Zur Verifizierung dieser Annahme und Erforschung des zugrundeliegenden Prozessmechanismus wird eine Simulation des Temperaturverlauf mittels Finite-Elemente-Methode (FEM) durchgeführt. Hierdurch soll der Temperaturverlauf an Punkten im Inneren und Randbereich bei direkten Aufschmelzen und der nachfolgenden Trajektorie des Laserstrahls evaluiert werden. Der Laserfokus wird als eine bewegliche interne Wärmequelle angenommen. Der physikalische Vorgang wird durch folgende Differentialgleichungen beschrieben:

$$\frac{dT}{dt} = \frac{\lambda}{\rho \cdot C_p} \left(\frac{dT^2}{dx^2} + \frac{dT^2}{dy^2} + \frac{dT^2}{dz^2} \right) + \dot{Q} \tag{6.1}$$

Hierbei beschreibt T die Temperatur, t die Zeit, λ die thermische Leitfähigkeit, ρ die Dichte des Materials, c_p die spezifische Wärmekapazität und $\dot{Q}$ die bewegliche Wärmequelle. Die Formeln für die Wärmequelle und des Gaußschen Laserprofils sind definiert durch:

$$\dot{Q} = \frac{2 \cdot P_L}{\pi \cdot r_{spot}^2} exp\left(-2 \cdot \frac{r_{focus}^2}{r_{spot}^2} \right) \tag{6.2}$$

$$r_{focus} = \sqrt{(x - x_{focus})^2 + (y - y_{focus})^2 + (z - z_{focus})^2} \tag{6.3}$$

Bei der Gleichung beschreibt P_L die Laserleistung und r_{spot} die Fokusgröße des Lasers. Die simulierte Umgebung und die Laserparameter entsprechen den Verfahrensparametern des Herstellungsprozesses (siehe Abschnitt 6.2.1 Tabelle 6.6). Die verwendeten Materialeigenschaften in der Simulation sind in Tabelle 6.7 dargestellt [214]. Die Simulation wird mittels des Wärmeübergangsmodells in COMSOL Multiphysics durchgeführt.

Tabelle 6.7 Die verwendeten Werte der Materialeigenschaften für die FEM-Analyse

Materialeigenschaften	Werte
Dichte ρ	7800 kg/m^3
Solidustemperatur T_{sol}	1677 K
Liquidustemperatur T_{liq}	1713 K
Latente Schmelzenthalpie L_f	247 kJ/kg
Wärmeübergangskoeffizient λ	13,8 W/m^2
Spezifische Wärmekapazität c_p	460 J/(kgK)

In der Simulation werden an jeweils zwei exemplarischen Punkten im Zentrum (Punkt 1/4) und im Randbereich (Punkte 2/3) der Temperaturverlauf bei einem direkten Durchgang des Laserfokus, sowie der nachfolgende benachbarte Durchgang des Lasers, bestimmt (vgl. Abbildung 6.18 (a)). An den Punkten im Zentrum (Punkt 1/4) zeigt sich nach dem ersten Durchgang des Laserfokus ein Temperaturmaximum, das unter die Liquidustemperatur abfällt, bevor ein zweites, zeitlich deutlich getrenntes Maximum auftritt. An den Randpunkten (Punkt 2/3) kommt es aufgrund des kürzeren zeitlichen Abstands zwischen den Durchgängen zu einer Überlagerung von zwei Temperaturpeaks (Superposition). Nähert sich der Laserfokus dem Rand (z. B. Punkt 2), folgt auf ein erstes Maximum, verursacht durch den direkten Durchgang, ein niedrigerer Nachheizpeak, welcher durch den zweiten nahen Durchgang entsteht. Diese Überlagerung führt zu einer verlängerten Verweildauer der Temperatur

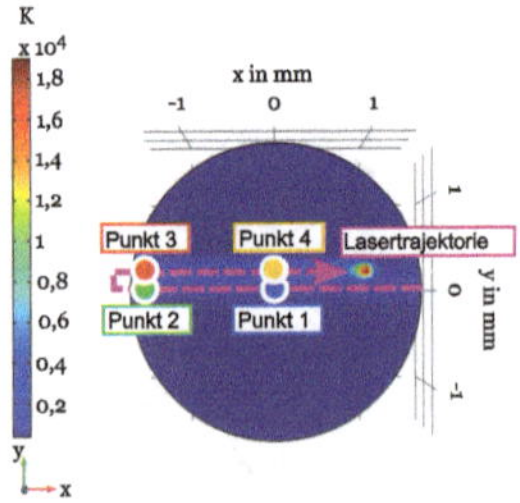

(a)

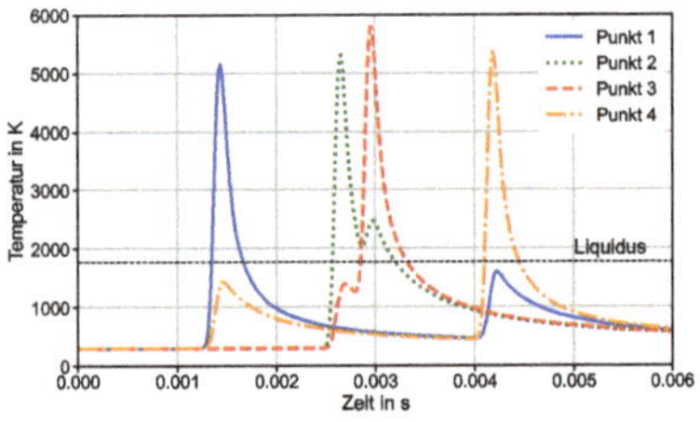

(b)

Abbildung 6.18 (a) Simulationsumgebung mit der Lasertrajektorie und den Positionen der vier Messpunkte zur Bestimmung der thermischen Historie. (b) Temperaturverläufe der vier Messpunkte mit der Maximaltemperatur in Punkt 3, da dieser durch die vorangegangene Lasertrajektorie vorgeheizt wird [84] oberhalb der Liquidustemperatur. Entfernt sich der Laserfokus hingegen vom Rand (z. B. Punkt 3), zeigt das Temperaturprofil zunächst einen geringeren Vorheizpeak, gefolgt von einem dominanteren zweiten Peak. Aufgrund dieser Vorheizung übersteigt der zweite Peak die Maximaltemperaturen aller anderen analysierten Punkte und führt zu erhöhten thermischen Signaturen, welche sichtbar werden in der Signalintensität der Photodiode [84].

Der erweiterte Temperaturverlauf für Punkt 2 überschreitet die Liquidustemperatur signifikant länger als die entsprechende Temperaturhistorie von Punkt 1/4. Das Zeitintegral der Temperatur oberhalb der Liquidustemperatur ist für Punkt 2 ebenfalls größer als für Punkt 1/4. Hierdurch kommt es zu einer längeren Aufschmelzung des Pulverbetts und längerem Bestehen der Schmelzphase, wobei dies zu einer Veränderung des Werkstoffs führen kann [84, 208, 209]. Die erhöhte Intensität der Schmelzbademissionen bei Punkt 3 (vgl. Abb. 6.18) kann auf einen Vorheizeffekt zurückgeführt werden, welcher durch die vorangegangenen Durchgänge des Laserstrahls in angrenzenden Bereichen entsteht. Die emittierte Intensität (I) eines Körpers ist gemäß der Stefan-Boltzmann-Gleichung proportional zur vierten Potenz der Temperatur ($I \propto T^4$), wodurch selbst geringe Veränderungen in der Temperatur zu einer erheblichen Variation des Signals führen können. Mittels der durchgeführten FEM-Analyse wird die Akkumulation der Wärme als der zentrale Mechanismus für die beobachteten Effekte im Randbereich der Probe identifiziert. Hierdurch kann sowohl das Datensignal in der Schmelzbadüberwachung als auch die beobachtete veränderte relative Dichte erklärt werden [84].

Zur Bestimmung der aleatorischen Unsicherheit des Datensignals wird das Signal-Rausch-Verhältnis analysiert. Anhand der Ergebnisse der FEM-Simulation ist von einem regelmäßig auftretenden Effekt am Rand des Bauteils auszugehen. Bei der Analyse des On Axis Sensorsignals für eine Schicht ist entgegen der Erwartung keine Regelmäßigkeit erkennbar wie es in Abbildung 6.19 (a) ersichtlich ist. Es treten scheinbar zufällig vereinzelte Intensitätspeaks auf, wobei anhand der Daten aus einer Schicht kein Muster erkennbar ist. Dennoch konnte durch das unüberwachte maschinelle Lernverfahren (DBSCAN) ein charakteristisches Datensignal mehrfach identifiziert werden. Bei der Analyse eines akkumulierten Sensorsignals über insgesamt 1800 Schichten (Bauhöhe: 14 mm–50 mm) wird bei den zehn Bauteilen ein signifikant erhöhtes Intensitätssignal im Randbereich der Bauteile klar erkennbar (siehe Abb. 6.19 (b)).

Durch die gleichzeitige Analyse und Betrachtung mehrerer Schichten ist das Signal-Rausch-Verhältnis deutlich erhöht und das mittels unüberwachter maschineller Lernverfahren entdeckte Datensignal direkt erkennbar. Anhand dieser Beobachtungen aus dem Prozess kann darauf geschlossen werden, dass mittels der eingesetzten Sensorik nicht alle relevanten Prozesssignaturen innerhalb einer Prozessschicht

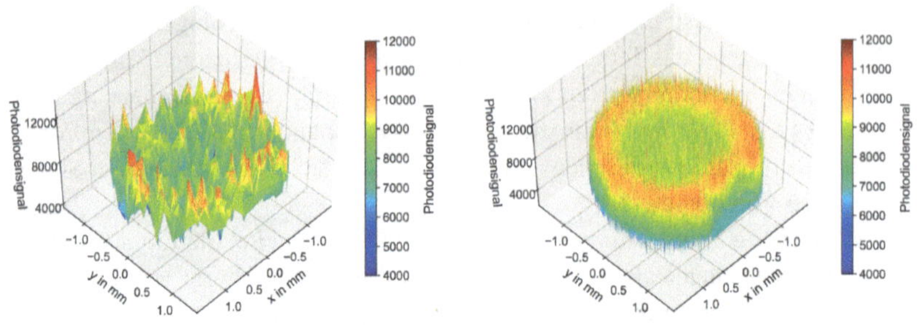

(a) (b)

Abbildung 6.19 (a) Das Photodiodensignal der Schmelzbadüberwachung von einer Schicht zeigt einige Ausreißer im Randbereich des Bauteils. In (b) ist das Photodiodensignal für den gesamten Bauprozess dargestellt. Das signifikant erhöhte Signal der Photodiode im Randbereich wird erst bei der Untersuchung mehrerer Schichten klar erkennbar. (Nach [84])

erkannt werden können. Dies ist auf ein verringertes Signal-Rausch-Verhältnis aufgrund der kurzzeitig ablaufenden physikalischen Bedingungen in der Prozesszone zurückzuführen. Innerhalb des erhobenen Datensatzes liegt aufgrund der eingesetzten Sensorik eine aleatorische Unsicherheit vor. Dies führt bei einer möglichen Qualitätssicherung und Erkennung metallurgischer Defekte der Bauteile in der gleichen Art und Weise zu einer Limitation wie es die Erkennung der Datensignatur im Randbereich der Bauteile auf Schichtebene tut.

6.2.4 Deep Learning Architektur zur Abbildung des additiven Fertigungsprozesses

Zur Überprüfung einer Qualitätssicherung durch Erkennung metallurgischer Defekte anhand der Prozessdaten wird der Einfluss von Architekturen neuronaler Netze unter Verwendung unterschiedlicher Datenquellen, insbesondere der Anzahl berücksichtigter Fertigungsschichten, untersucht. Hierfür wird zunächst eine automatische Routine zur Generierung eines annotierten Datensatzes entworfen, bei der Defekte anhand volumetrischer Prozessdaten abgeglichen werden. In Abbildung 6.20 ist die entwickelte Routine zur Datenverarbeitung visualisiert. Trotz der insgesamt hohen relativen Dichte konnten in den Bauteilen lokale Defekte mittels CT lokalisiert werden [168].

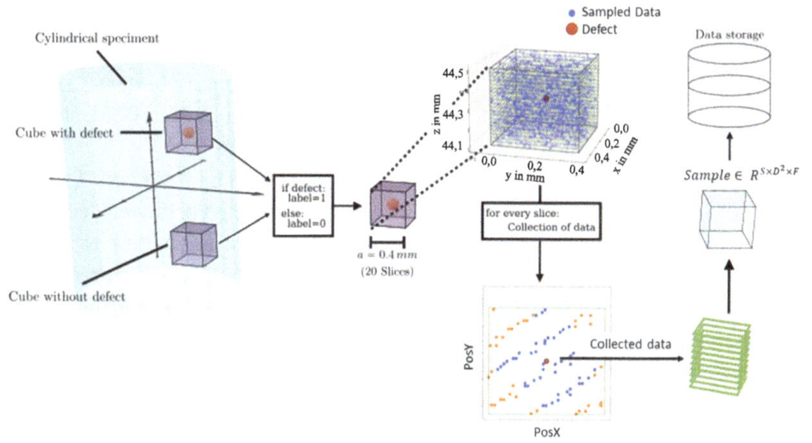

Abbildung 6.20 Routine zur Erstellung des Datensatzes für die Detektion metallurgischer Defekte mittels maschineller Lernverfahren [168]

Zunächst werden die lokalisierten metallurgischen Defekte aus den μ-CT-Scans mit den Zeitreihen-Prozessdaten für jede Probe überlagert. Um jedes Defektzentrum wird ein Würfel mit einer Kantenlänge von 0,4 mm definiert. Dies bedeutet, dass vertikal ein Volumenelement Daten aus 20 Fertigungsschichten enthält. Die ausgewählten Daten werden in einem Tensor T gespeichert und das Label „defekt“ wird diesem Volumenelement zugewiesen. Die verbleibenden volumetrischen Daten werden weiter in gleich große Datenwürfel zerlegt, und das zweite Label „nicht defekt“ wird zugewiesen. In diesem Stadium werden die Prozessdaten jeder Probe in multidimensionale Tensoren segmentiert, die in „defekt“ oder „nicht defekt“ kategorisiert werden. Für die Studie wird eine unterschiedliche Anzahl von Schichten (S) zwischen $S \in [1, 19]$ (symmetrisch um die mittlere Schicht) in T einbezogen. Durch Iteration über jede Schicht in den Tensoren werden die nächsten 49 Datenpunkte (D^2) in Bezug zum Mittelpunkt nach euklidischem Maß berücksichtigt. Im letzten Schritt wird der Tensor mit den Dimensionen (S, D^2, F) in einer Datenbank gespeichert. Hierbei steht S für die Anzahl der Schichten, D^2 für die gesammelten Datenpunkte innerhalb einer Schicht und F für für die drei Merkmale (On Axis, Off Axis, Laserspannung). Der beschriebene Ansatz berücksichtigt sowohl den zeitlichen Charakter des schichtweisen Fertigungsprozesses als auch räumliche Beziehungen innerhalb jeder Schicht, die durch benachbarte Lasertrajektorien entstehen. Durch die Zerlegung des Bauteils in kleine Volumenelemente wird der erhaltene, gelabelte Datensatz unabhängig vom spezifischen Bauteil. Die

Anzahl der berücksichtigten Schichten, Datenpunkte innerhalb einer Schicht und Merkmale kann durch Parametereinstellungen angepasst werden, was die Flexibilität des vorgestellten Workflows erhöht. Der gesamte Datensatz besteht aus 6737 Datenpunkten ohne Defekt und 484 Datenpunkte mit einem Defekt. Der Datensatz wird in Trainings-, Validierungs- und Testdatensatz gesplittet.

Die Zeitreihendaten für eine einzelne Fertigungsschicht enthalten das On Axis Signal, das Off Axis Signal, die Spannung des Lasers und die Positionen des Laserstrahlfokus. Die Bedingungen im Schmelzbad sind durch benachbarte Lasertrajektorien innerhalb einer Schicht beeinflusst, wobei dies im Folgenden als räumliche Beziehung angenommen und bezeichnet wird. Die räumlichen Beziehungen können anhand der Position des Laserfokus rekonstruiert werden. Neben dieser räumlichen Prozessbeziehung innerhalb einer Schicht gibt es auch einen schichtweisen Zusammenhang, wobei dieser als eine zeitliche Komponente angenommen werden kann. Bei der explorativen Datenanalyse wird die Verteilungen der Sensordaten untersucht und zunächst eine schwellenwertbasierte Anomaliedetektion zur Detektion metallurgischer Defekte durchgeführt. Die Untersuchungen ergaben jedoch keine signifikant erhöhte Performance im Vergleich zu einer zufälligen Vorhersage. Hieraus wird die Frage abgeleitet, ob ein überwachtes maschinelles Lernverfahren zur Defekterkennung eine höhere Vorhersagegenauigkeit erreicht. Hierfür werden mehrere unterschiedliche Architekturen neuronaler Netze auf eine Defekterkennung trainiert. Die neuronalen Netze sind in TensorFlow 2.5 implementiert und auf eines NVIDIA Quadro RTX 4000 mittels Adam Optimierungsalgorithmus trainiert. Zudem wird aufgrund des unausgeglichenen Datensatzes eine Gewichtung auf die Verlustfunktion (binary cross-entropy) angewendet.

Die Kombination eines räumlichen und zeitlichen Zusammenhangs in den Prozessdaten legt die Verwendung von Deep Learning Modellen mit CNN und/oder RNN-Anteilen nahe. Zur Modellierung der Nachbarschaftsbeziehungen in den Prozessdaten wird, aufgrund der Lasertrajektorie innerhalb einer Fertigungsschicht, eine CNN-Architektur verwendet. Der schichtweise Aufbau im additiven Fertigungsprozess wird mittels RNN-Architektur modelliert. Beide Charakteristika des Fertigungsprozesses werden durch eine CNN+RNN-Architektur berücksichtigt. Eine Übersicht zu den untersuchten Modellarchitekturen und den dazugehörigen Dimensionen der Eingangsdaten ist in Tabelle 6.8 aufgelistet [123].

Zur Validierung des Ansatzes hinsichtlich der Berücksichtigung des schichtweisen Herstellungsverfahrens wird zunächst der Einfluss der Anzahl an berücksichtigten Fertigungsschichten untersucht. Hierfür wird die CNN+RNN-Architektur auf einer unterschiedlichen Anzahl von Schichten (1–19) trainiert. Die Receiver Operating Characteristic (ROC)-Area Under the Curve (AUC)-Werte sind in Abbildung 6.21 (a) dargestellt. Bei einer berücksichtigten Fertigungsschicht wird ein

Tabelle 6.8 Übersicht zu den verwendeten Modellarchitekturen und den entsprechenden Dimensionen des Tensors als Eingangsdaten

Modellarchitektur	Dimension der Eingangsdaten
Ausgangszustand	$T \in R^{S \times D^2 \times F}$
CNN + RNN	$T \in R^{S \times D \times D \times F}$
CNN	$T \in R^{S \times D \times F}$
RNN	$T \in R^{S \times (DF)}$

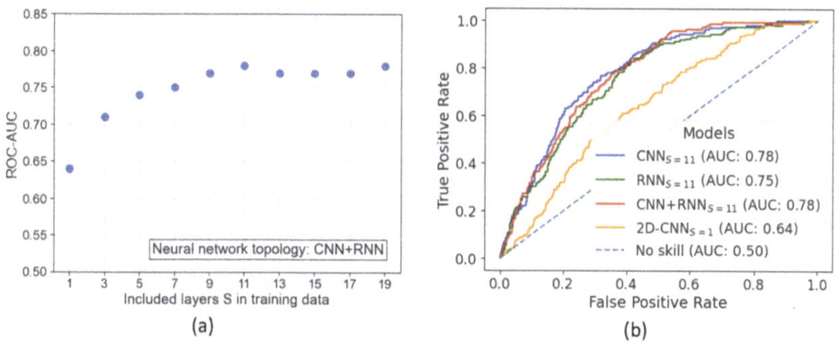

Abbildung 6.21 (a) Die ROC-AUC-Werte für die CNN-RNN-Architektur in Abhängigkeit der berücksichtigten Prozessschichten. Die Klassifikationsleistung steigt bis zur neunten Schicht auf ca. 0,78 an und konvergiert anschließend. (b) Die ROC-Kurven für die untersuchten Modellarchitekturen. Modelle, die mehrere Prozessschichten als Eingang verwenden, zeigen eine höhere Klassifikationsgüte [168]

ROC-AUC von 0,64 erreicht. Mit steigender Anzahl an Fertigungsschichten steigt die Klassifikationsgüte an und konvergiert bei einer Anzahl von neun Schichten auf einen ROC-AUC von rund 0,78. In einer weiteren Untersuchung wird der Einfluss der Modellarchitektur untersucht. Hierfür werden die drei in Tabelle 6.8 aufgelisteten Modellarchitekturen auf einem Datentensor mit elf berücksichtigten Fertigungsschichten trainiert. Die ROC-Kurven für die Modelle CNN, RNN und CNN+RNN sind in Abbildung 6.21 abgebildet. Zusätzlich ist noch die Kurve für das CNN ausschließlich auf der mittleren Schicht des Defekts und die Kurve für einen Dummy-Klassifikator dargestellt.

Alle neuronalen Netze zeigen eine höhere ROC-AUC als der Dummy-Klassifikator. Die Modellarchitekturen, welche auf Daten aus mehreren Schichten trainiert werden, erreichen eine signifikant höhere ROC-AUC als das 2D-CNN, welches auf einer einzelnen Prozessschicht trainiert worden ist. Die Ergebnisse zeigen eindeutig die Relevanz der Berücksichtigung der inhärenten Prozesscharakteristika bei der Verwendung maschineller Lernverfahren in Fertigungsanlagen. Der Vergleich der drei verschiedenen neuronalen Netzwerkarchitekturen zeigen jedoch keinen signifikanten Unterschied in ihrer Performance. Anhand dieser Ergebnisse zeigt sich, dass der Datensatz und die Datenaufbereitung bei den gezeigten Untersuchungen den maßgeblichen Einfluss auf die Performance der Klassifikationsmodelle haben und der Einfluss der gewählten Modellarchitekturen in den Hintergrund rückt. Die maximale ROC-AUC von 0,78 deutet auf eine Begrenzung der Modelle bei der Klassifikation von Defekten hin. Aus den vorangegangen Abschnitten zur Evaluierung der aleatorischen Unsicherheit in den Prozessdaten mittels unüberwachter maschineller Lernverfahren wird deutlich, dass die verwendeten Sensoren nicht alle qualitätsrelevanten Ereignisse erfassen. Dies gilt insbesondere bei der Betrachtung einzelner Schichten wie es explizit in Abschnitt 6.2.3 gezeigt ist. Somit kann die dritte Hypothese zur Entwicklung maschineller Lernverfahren validiert werden. Weitere denkbare Gründe für eine begrenzte Leistungsfähigkeit maschineller Lernverfahren sind zum einen ungenau annotierte Daten aufgrund mangelnder Erkennung von Defekten in den CT-Scans und zum anderen eine nicht ausreichende Datenmenge für ein repräsentatives Erlernen aller Fehlermuster. Der Vergleich zwischen metallografischen Analysen und μ-CT-Bildern führte zu der Schlussfolgerung, dass einige Defekte durch den μ-CT-Scan oder die nachfolgende Softwareverarbeitung nicht erkannt werden. In der maschinellen Lernforschung ist das Problem von fehlerhaft gelabelten Daten gut bekannt und kann zu einer verminderten Performance von ML-Modellen führen [215].

6.3 Maschinelle Lernverfahren zur Qualitätskontrolle einer Faltenbalgmontage

In Kapitel 4 zur Planung von ML-Systemen für Fertigungsanlagen wurde die bestehende MEB-Lenkungsmontage systematisch analysiert und das Optimierungspotential aufgezeigt. Ein wesentlicher Verfügbarkeitsverlust bei der Fertigungsanlage ist auf die regelbasierte Prüfung des Faltenbalgs zurückzuführen, welche Gegenstand weiterer Untersuchungen ist. Den definierten Entscheidungskriterien aus Kapitel 4 folgend wird für die Prüfung ein datengetriebener Modellierungsansatz verfolgt. Bei der Entwicklung eines solchen ML-Systems ist die Robustheit gegenüber epistemischer Unsicherheit ein wesentlicher Faktor für eine erfolgreiche Industrialisierung. In dem gewählten Anwendungsbeispiel wird die vierte Hypothese aus Abschnitt 5.2 untersucht, wobei eine Modellarchitektur mit

Kompetenz- und Analyseteil mit erklärbaren ML-Modellen entwickelt wird. In Abbildung 6.22 ist die vollständig montierte MEB-Lenkung in der AFO 490 der MEB-Montagelinie gezeigt. Bei der Qualitätsprüfung wird die korrekte Montage des Faltenbalgs und den dazugehörigen Ohrschlauchschellen (linker Zoom) und Federbandschellen (rechter Zoom) beidseitig geprüft. Der Faltenbalg verhindert im Fahrzeugbetrieb das Eindringen von Wasser und weiteren Verunreinigungen in das Innere der Lenkung, welche dort Schäden an der Elektrik oder Mechanik verursachen können.

Abbildung 6.22 Eine korrekt montierte MEB-Lenkung in der Fertigungslinie (AFO 490) mit dem Zoom auf die Ohrschlauchschelle (links) und Federbandschelle (rechts)

6.3.1 Erhebung der technischen Anforderungen für die Industrialisierung eines ML-Systems

In der Montagelinie befindet sich als Messsystem ein Lasertriangulationssensor, welcher mittels Roboter 360° um die Schellen geführt wird und dabei in einem kontinuierlichen Abstand 5000 Linienprofile (y-Richtung) mit 1350 Werten pro Profil (x-Richtung) aufnimmt. Die bisherige Auswertung wurde mittels regelbasierter Bildverarbeitung an 16 einzelnen Linienprofilen durchgeführt. Hierbei wird in dem Profil eine Kantensuche zur Erkennung der ersten Riefe im Faltenbalg durchgeführt und anschließend der Abstand zu den nachfolgenden Kanten bestimmt. Die QS-Bewertung wird anschließend durch eine regelbasierte Programmierung von Schwellwerten hinsichtlich der Position der Kanten durchgeführt. Aufgrund verschiedener Einflüsse, welche detailliert in Kapitel 4 beschrieben sind, hat das Prüfsystem einen Pseudofehleranteil >5 %, was zu einer Reduktion der Ausbringung von

Bauteilen an der Anlage führt. Die bisherige Notfallstrategie sieht ab einem Pseudofehleranteil >4 % den Wechsel auf eine manuelle Sichtkontrolle vor. Folgend der Systematik zur Entwicklung maschineller Lernverfahren (vgl. Abschnitt 5.1) wird zunächst das relevante technische Fachwissen bereits vor Beginn der Modellentwicklung erhoben. In dem hier dargestellten Praxisbeispiel liegt der Fokus auf der Definition von Prüfmerkmalen in Absprache mit der zuständigen Qualitätssicherung, sowie der Beschreibung anlagentechnischer Anforderungen. Darauf aufbauend werden Strategien für eine Merkmalsextraktion für die Datenverarbeitung abgeleitet und die Modellarchitektur beschrieben. Als Fachexperten wurden bei dem Entwicklungsprozess Sichtprüfer aus der manuellen Sichtkontrolle, die zuständige Qualitätssicherung, sowie Anlagenverantwortliche aus der Planung und Instandhaltung einbezogen. Die spezifischen Anforderungen für diesen Anwendungsfall sind in Tabelle 6.9 aufgelistet und bilden die wesentlichen KPIs zur Evaluation des ML-Systems (vgl. Abbildung 6.23).

Tabelle 6.9 Auflistung der spezifischen Anforderungen für die Industrialisierung des ML-Systems in der Fertigungsanlage

Kategorie	Information
Qualitätssicherung	Lasertriangulation ist geeignetes Messmittel
Qualitätssicherung	Eindeutige Schlupffehler sind zu verhindern
Anlagentechnik	Taktzeit: 30 s
Anlagentechnik	Pseudofehler < 4 %
Informationstechnik	Merkmalsextraktion der QS-Prüfkriterien
Informationstechnik	Nachvollziehbarkeit der Inferenz

Zur Prüfung des Messmittels wurde die verantwortliche Qualitätssicherung einbezogen, da insb. die Grenzfälle korrekt erkannt werden müssen. Der Grenzfall bei dem Faltenbalg entsteht bei eng anliegender Ohrschlauchschelle am linken oder rechten Rand der vorgesehenen Vertiefung, wobei bei einem i. O.-Bauteil zwingend ein Spalt zwischen Schelle und dem Steg des Faltenbalgs vorhanden sein muss. Der LTS kann diesen Spalt in dem Kontrast des schwarzen Polymers zur Stahloberfläche sicher erfassen und stellt damit ein hinreichendes Messmittel für das ML-System dar. Herkömmliche bildgebende 2D-Verfahren können bei dieser Grenzfallbetrachtung nur unzureichende Informationen liefern, da keine Vermessung des Höhenprofils vorgenommen wird und Spaltgrößen in dem Bildrauschen untergehen können. Die aleatorische Unsicherheit für das System wäre somit wesentlich

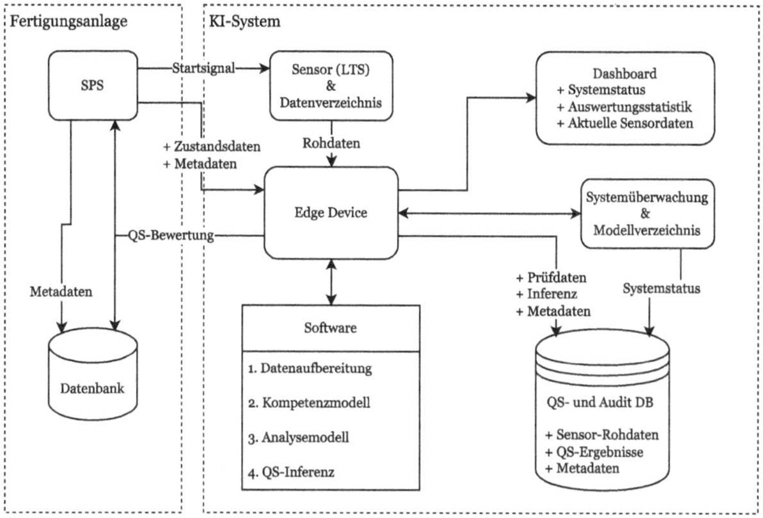

Abbildung 6.23 Das Diagramm zeigt die Systemarchitektur des ML-Systems und die Schnittstellen zur Fertigungsanlage

größer und würde, wie bereits in Abschnitt 6.1.2 beschrieben, die Leistungsfähigkeit des Gesamtsystems stark einschränken. Eine wesentliche Herausforderung in dem beschriebenen Anwendungsfall liegt auf der numerisch effizienten Merkmalsextraktion der QS-Prüfkriterien (Profillinien) aus den umfangreichen 3D-Daten ($M_{5000\times1350}$), welche in Abschnitt 6.3.2 beschrieben werden. Die Verhinderung von Schlupffehlern bedingt bei der Verwendung maschineller Lernverfahren die Entwicklung einer robusten Modellarchitektur gegenüber epistemischer Unsicherheit. Die Entwicklung einer Modellarchitektur mit Kompetenz- und Analysemodell bestehend aus unüberwachten und überwachten ML-Verfahren ist in den Abschnitten 6.3.3 und 6.3.4 dargestellt. Das entwickelte System wird anschließend anhand der definierten Anforderungen (KPIs) evaluiert (siehe Abschnitt 6.3.5).

6.3.2 Merkmalsextraktion in 3D-Daten und Modellarchitektur

Die bereits in der Produktionslinie implementierte Sensorik besteht aus einem robotergeführten LTS, welcher die relevanten Qualitätsmerkmale an dem Bauteil zuverlässig detektiert. Da die Sensorik bereits durch die zuständige Qualitätssicherung überprüft wurde, findet keine weiterführende Untersuchung hinsichtlich der

Messtechnik statt. Schwerpunkt der Entwicklungsarbeit lag auf der Überführung der aufgenommenen 3D-Punktewolke in ein interpretierbares und durch neuronale Netze verarbeitbares Datenformat, wie es in Abbildung 6.24 dargestellt ist. Die gesamte Datenvorverarbeitung ist in Python 3.8 und OpenCV 4.5 implementiert.

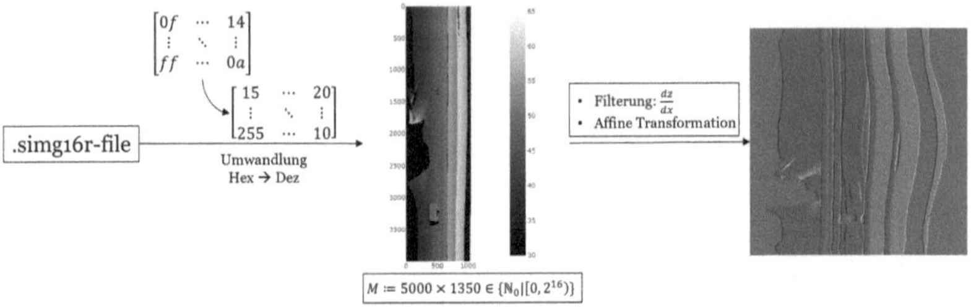

Abbildung 6.24 Das codierte Höhenprofil (links) wird in Bildwerte überführt (Mitte) und durch Bildung der partiellen Ableitung und affinen Transformation in ein Transfer Learning-fähiges Bildformat formatiert (rechts)

Der LTS der Firma Cognex Corp. (Natick, USA) speichert die Höhenprofile in einem proprietären aber lizenzfreien .simg16r-Format ab. Im ersten Schritt wird das im Hexadezimalsystem codierte Höhenprofil geöffnet und in das Dezimalsystem formatiert. Nach dieser Formatierung liegt das aufgenommene Höhenprofil (z) in Matrixformat mit der Dimension $M_{5000 \times 1350}$ vor. In diesem Format ist die visuelle Interpretierbarkeit und manuelle Unterscheidung von i. O./n. i. O.-Bauteilen nicht gegeben. Zudem lässt die große Dimension der Matrix die direkte Verwendung von Transfer Learning-Modellen nicht zu, da herkömmliche Deep Learning Modelle klassische Bildgrößen (z. B. 512 × 512) als Eingangsdaten verwenden. Die Verarbeitung sehr großer Matrixdimensionen mittels angepasster CNN-Architekturen führt aufgrund der angewendeten Filter zu langen Inferenzzeiten (siehe Kapitel 2), wobei dies die Einhaltung der Taktzeit gefährden würde. Eine direkte affine Transformation in ein gewünschtes Bildformat führt zu limitierter Interpretierbarkeit aufgrund starker räumlicher Verzerrung und mangelnder Extraktion und Erkennbarkeit der QS-Prüfmerkmale. Durch die Abstimmung mit den Experten aus der Qualitätssicherung werden als wesentliches Prüfmerkmal die Kanten und Riefen im Faltenbalg definiert (vgl. Abschnitt 6.3.1). Diese können durch die Bildung der partiellen Ableitung in x-Richtung ($\frac{dz}{dx}$) als Prüfmerkmale basierend auf physikalischen Größen extrahiert werden. Durch Anwendung des Sobel-Operators in x-Richtung werden die Kanten hervorgehoben und das abgeleitete Höhenprofil (G_x) berechnet. Durch sog. Clipping werden die Werte der Ableitung in einem bestimmten Bereich

($G_x \in [-15, 15]$) limitiert und anschließend in ein Graustufenbild formatiert. Durch die beschriebene Datenverarbeitung werden die Prüfmerkmale in dem Faltenbalg extrahiert, wobei diese auch nach durchgeführter affiner Transformation in eine klassische Bildgröße (512×512) erhalten bleiben (siehe linkes Bild in Abbildung 6.24). Das Bild enthält somit alle relevanten Informationen zur Bewertung des Faltenbalgs in einem effizient verarbeitbaren Datenformat.

Bei der Entwicklung des ML-Systems zur Faltenbalgprüfung wird für die Modellbildung ein datengetriebener Ansatz verfolgt (vgl. Abschnitt 4.5). Durch eine Anomaliedetektion einerseits, sowie eine Erkennung von Defektmerkmalen mittels überwachter maschineller Lernverfahren andererseits soll zeitgleich eine hohe Robustheit gegenüber epistemischer Unsicherheit und eine hohe Performance der Modellvorhersage gewährleistet werden. Das Kompetenzmodell besteht aus mehreren Modellen (sog. Modell-Ensemble), da solche Ensembles die höchste Leistungsfähigkeit bei der Erkennung von Ausreißern und zur Absicherung gegenüber epistemischer Unsicherheit aufweisen [138]. Die Bestandteile des Ensembles sind zum einen ein Logit-Modell zur Ausreißererkennung, welches Vergleichsmetriken aus Bildverarbeitungsalgorithmen klassifiziert und zum anderen eine Deep Learning-basierte Anomaliedetektion mittels β-Convolutional Variational Autoencoder (β-CVAE). Für das Analysemodelle wird zum einen ein binäres Klassifikationsmodell unter Anwendung von Verfahren erklärbarer künstlicher Intelligenz untersucht und zum anderen ein Segmentierungsmodell, welches auf die Segmentierung von Defekten in Bildern trainiert wird (siehe u. a. [105, 216]). Die Modellarchitektur mit dem Kompetenzteil zur Erkennung von Ausreißern und dem Analysemodell zur Erkennung spezifischer Defekte ist in Abbildung 6.25 dargestellt. Die maschinellen Lernverfahren sind in den Python-Umgebungen scikit-learn 1.3 (Logit-Modell) [212], Tensorflow 2.13 (β-CVAE, binäre Klassifikationsmodelle) und Pytorch 2.2 (Segmentierungsmodell) implementiert.

6.3.3 Entwicklung des Kompetenzmodells

Das Kompetenzmodell besteht aus zwei unterschiedlichen Modellen (sog. Ensemble) zur Anomaliedetekion. Das erste Modell basiert auf der Berechnung von Ähnlichkeitsmetriken zwischen einzelnen Bilddaten und der anschließenden Bewertung durch ein Logit-Modell (auch bekannt als logistische Regression). Das zweite Modell zur Anomaliedetektion besteht aus einem Deep Learning Modell, mit dem die Datenverteilung der Trainingsdaten erlernt wird und somit im Bottleneck sowie bei der Rekonstruktion Anomalien detektiert werden können.

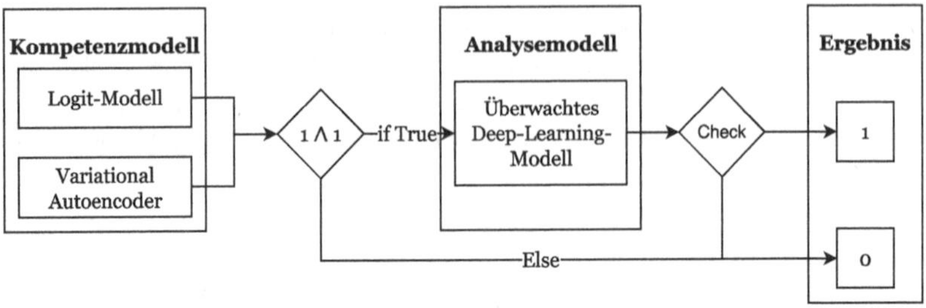

Abbildung 6.25 Darstellung der Modellarchitektur zur Qualitätssicherung des Faltenbalgs mit zwei Kompetenzmodellen und einem Deep Learning Modell als Analysemodell

Bildvergleichsmetrik und Logit-Modell zur Anomalieerkennung

Der erste Teil des Kompetenzmodells basiert auf dem Vergleich zwischen einem bekannten i. O.-Bild und neuen Aufnahmen mittels verschiedener Metriken zur Bestimmung der Ähnlichkeit zwischen den Bildern (u. a. SSIM). Anhand der berechneten Werte wird anschließend eine Klassifikation mittels Logit-Modell durchgeführt. Für eine erste Auswahl geeigneter Metriken zur Bestimmung der Ähnlichkeit werden zunächst die jeweiligen Laufzeiten der Algorithmen durch Zeitmessung bei fünf Durchläufen bestimmt. Die Ergebnisse sind in Abbildung 6.26 (a) dargestellt. Um die Taktzeitforderungen zu erfüllen, werden ausschließlich Algorithmen mit einer geringen Laufzeit verwendet. Die Algorithmen berechnen eine Vergleichsmetrik, wobei die errechneten Werte der Trainingsdaten für den engl. Peak Signal-to-Noise Ratio (PSNR) und den SSIM mit einer farblichen Unterscheidung in i. O./n. i. O.-Daten in Abbildung 6.26 (b) dargestellt sind. Klar ersichtlich ist das Datencluster mehrerer n. i. O.-Daten bei geringen Ähnlichkeitswerten (links unten). Die wesentliche Aufgabe des Kompetenzmodells ist die Detektion solcher Anomalien, welche nicht der Verteilung der Trainingsdaten entsprechen. In dem spezifischen Anwendungsfall handelt es sich in einem solchen Fall um eine klare Änderung des Höhenprofils, welches durch eine fehlerhafte Bildaufnahme oder defekte Bauteile verursacht wird. Die Datenbereiche mit unscharfer Trennung von i. O./n. i. O.-Daten werden entsprechend durch andere Modelle (entweder zweites Kompetenzmodell oder Analysemodell) klassifiziert.

Das Logit-Modell wird anhand der errechneten Ähnlichkeitsmetriken trainiert. Die Precision-Recall-Kurve des Testdatensatzes für das Logit-Modell ist in Abbildung 6.27 dargestellt, wobei das Klassifikationsmodell als Teil des Kompetenzmodells zur Erkennung eindeutiger Anomalien eingesetzt wird. Entsprechend wird das

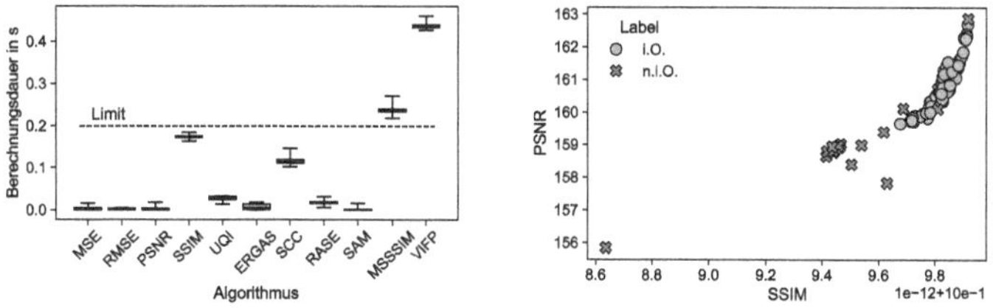

(a) (b)

Abbildung 6.26 In (a) ist die Berechnungsdauer der Metriken für verschiedene Bildverarbeitungsalgorithmen abgebildet. In (b) die Repräsentation der Testdaten für zwei ausgewählte Metriken. Es ist ein Cluster mit n. i. O.-Daten und ein gemischter Cluster aus i. O./n. i. O.-Daten erkennbar

Modell ausschließlich zur Erkennung von Anomalien mit geringen Ähnlichkeitswerten parametrisiert.

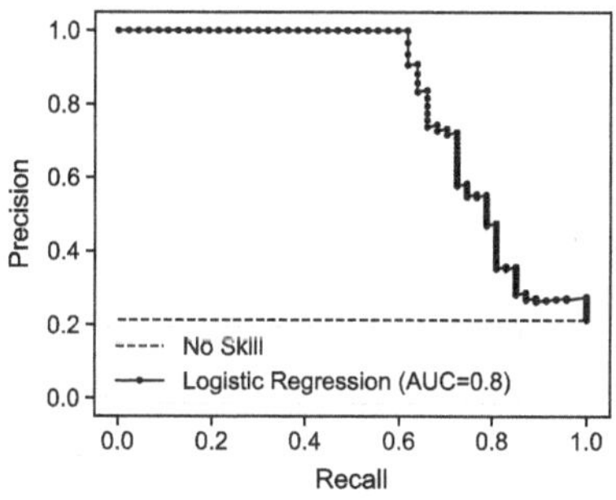

Abbildung 6.27 Die Precision-Recall-Kurve des Logit-Modells zur Anomaliedetektion

Variational Autoencoder zur Anomalieerkennung

Ein unüberwachtes neuronales Netz zur Anomalieerkennung sind Autoencoder, wobei eine Variante der VAE ist. Diese Netzwerkarchitektur ist dadurch gekennzeichnet, dass neben der Rekonstruktion der Eingangsdaten $p_\theta(x)$ auch eine Wahrscheinlichkeitsverteilung $(q_\phi(z|x))$ für die Eingangsdaten $p_\theta(z|x)$ innerhalb des Bottleneck erlernt wird [49]. Die entsprechende Optimierungsaufgabe unter Berücksichtigung eines Parametrisierungsfaktors (β) für das neuronale Netz lautet [217]:

$$L_{\theta,\phi}(x) = logp_{\theta}(x) + \beta \cdot D_{KL}(q_{\phi}(z|x) \| p_{\theta}(z|x)) \quad (6.4)$$

Durch die Kullback-Leibler Divergenz (D_{KL}) wird für die Eingangsdaten eine vorgegebene Verteilung (hier Normalverteilung) im Bottleneck des neuronalen Netzes erlernt. Die Repräsentation der Daten in dem latenten Raum kann bei Anwendungen in der Produktion als Prozessdatenverteilung interpretiert werden. Durch Überprüfung auf Abweichungen von dieser Verteilung können Anomalien detektiert werden, wobei in dem beschriebenen Anwendungsfall bereits eine Vielzahl eindeutiger Fehler erkannt werden konnten. Das neuronale Netz wird mit 10 Neuronen im Bottleneck und für 10 Epochen mittels 'Adam'-Optimierer trainiert. In Abbildung 6.28 (a) ist das Embedding des verwendeten β-CVAE für zwei Neuronen visualisiert. In dem latenten Raum des β-CVAE wird die Bildung eines Datenclusters für ähnliche i. O.-Bilder und der Repräsentation von Anomalien außerhalb dieses Clusters deutlich. Für die Anomaliedetektion wird ein Logit-Modell auf das Embedding angewendet, wobei die erhaltene Precision-Recall-Kurve für den Testdatensatz in 6.28 (b) dargestellt ist. Die Anomaliedetektion mittels β-CVAE ist mit einer PR-AUC von 0,88 etwas höher als die Performance des Logit-Modells, welches anhand von Metriken aus Bildvergleichsalgorithmen trainiert worden ist (PR-AUC = 0,8).

Anhand der Ergebnisse zu dem β-CVAE wird deutlich, dass durch das unüberwachte maschinelle Lernverfahren bereits eine große Anzahl defekter Bauteile korrekt erkannt wird. Im Embedding des neuronalen Netzes wird eine Art Prozessverteilung erlernt, wobei Abweichungen von dieser als Anomalien dargestellt werden. Somit erfüllt der β-CVAE die Aufgabe Anomalien zu erkennen und detektiert

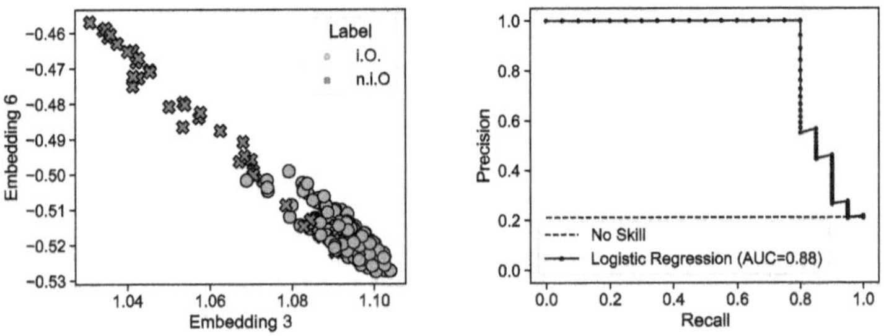

(a) (b)

Abbildung 6.28 Die Visualisierung von zwei Neuronen des CVAE in (a) zeigt die Separierung zwischen i. O./n. i. O.-Faltenbalg. In (b) ist die Precision-Recall-Kurve des auf allen Neuronen des CVAE-Bottlenecks trainierten Logit-Modells dargestellt

Daten, welche von der Trainingsdatenverteilung abweichen. Anhand der Darstellung des Embedding ist erkennbar, dass in dem Datensatz n. i. O.-Daten existieren, welche nicht durch das unüberwachte ML-Verfahren detektiert werden können. Diese Unterscheidung muss entsprechend durch ein überwachtes ML-Verfahren vorgenommen werden, was durch das bereits genannte Analysemodell erfolgt. Diese Entwicklung und die Evaluation der gesamten Modellarchitektur ist Bestandteil der folgenden Abschnitte.

6.3.4 Entwicklung des Analysemodells

Als Analysemodell wird ein CNN aufgrund der höheren Performance gegenüber anderen ML-Verfahren insbesondere bei der Bilderkennung verwendet [218]. Bei der Defekterkennung in industriellen Anwendungen muss die Entscheidung der QS-Bewertung nachvollziehbar sein (siehe 5.1). Bei Klassifikationsmodellen wird dies durch den Einsatz von Algorithmen, wie beispielsweise LIME [145] oder Grad-CAM [183] erreicht, womit die relevanten Bildbereiche, engl. Region of Interest (ROI) für die Entscheidungsfindung sichtbar werden. Bei Modellen zur Bildsegmentierung werden die defekten Bereiche direkt trainiert, weshalb in der Inferenz bereits die Erklärung für die Entscheidung enthalten ist [184]. Ein etabliertes neuronales Netz zur Klassifikation ist das sog. ResNet und für die Defekterkennung mittels Bildsegmentierung das Mask-R-CNN [219], wobei beide Ansätze im folgenden Abschnitt evaluiert werden. Zum überwachten Training wird der Datensatz entsprechend annotiert und die neuronalen Netze mittels 'Adam'-Optimierer trainiert.

Binäre Klassifikationsmodelle und erklärbare künstliche Intelligenz
Für das Klassifikationsmodell wird ein vortrainiertes neuronales Netz der MobileNetV2-Architektur verwendet. Beim Training werden zum einen die Gewichte bis zum Klassifikationskopf eingefroren (sog. Freezing). Beim Freezing werden die Gewichte des Basismodells nicht trainiert, sondern nur der Modellteil zur endgültigen Klassifikation nach der letzten Faltungsschicht. Dadurch werden weniger Hardware-Ressourcen für das Training benötigt. Zum anderen werden in einem weiteren Modelltraining alle Gewichte des Modells trainiert. In Abbildung 6.29 ist die Genauigkeit beider Modelle und eines Dummy-Klassifikators während des Trainings dargestellt. Bei dem Modell mit Freezing sind die ausgegebenen Merkmale nach der Extraktionsschicht nicht ausreichend für ein Training des Klassifikationskopfes und die Genauigkeit erreicht ca. 83 %. Dies entspricht der gleichen Genauigkeit des Dummy-Klassifikators. Das Modell, bei dem alle Gewichte der

MobileNetV2-Architektur zum Training verwendet werden, konvergiert bei einer Genauigkeit von ca. 98 %, was deutlich oberhalb der Performance des Dummy-Klassifikators liegt.

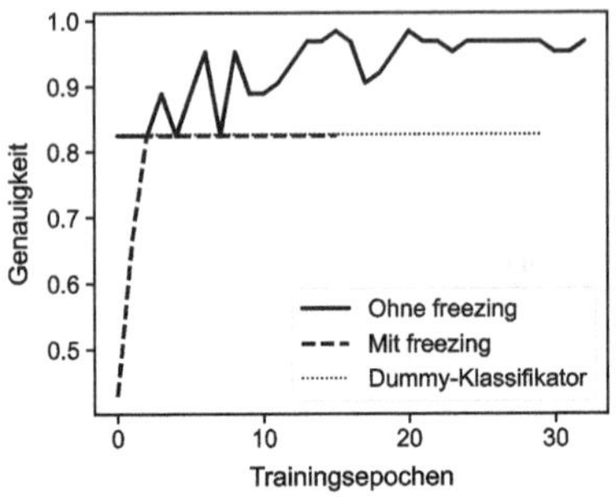

Abbildung 6.29 Die erreichte Genauigkeit während des Modelltrainings zeigt einen klaren Unterschied zwischen den Modellen mit bzw. ohne Freezing. Die Performance des CNN mit Freezing entspricht der eines Dummy-Klassifikators

Anhand der Trainingskurven wird deutlich, dass bei dem neuronalen Netz mit Freezing keine Optimierung stattfindet, was auf ein sog. Underfitting zurückzuführen ist (vgl. Kapitel 2). Eine mögliche Ursache für die mangelnde Extraktionsfähigkeit des vortrainierten CNNs kann in der Divergenz zwischen dem, in dieser Untersuchung verwendeten Höhenprofildaten und des zum Vortraining genutzten ImageNet-Datensatzes begründet sein. Im Folgenden wird nur noch auf das CNN ohne Freezing eingegangen, da dieses, ersichtlich an der Trainingskurve, konvergiert ist. Die Konfusionsmatrix zeigt die Ergebnisse des binären Klassifikationsnetzes auf dem Testdatensatz dieser Studie (siehe Tabelle 6.10).

Zur Erklärbarkeit der Inferenz des binären Klassifikators wird der LIME-Algorithmus [145] verwendet, womit die relevanten Bildbereiche für die jeweilige Klassifikation nachvollziehbar gemacht werden. Die Ergebnisse des LIME-Algorithmus für ein korrekt klassifiziertes n. i. O.-Bild und für einen Pseudofehler sind in Abbildung 6.30 dargestellt. Die gelben Bereiche stellen die für die Klassifikation relevanten Bildbereiche dar. Anhand des LIME-Algorithmus wird deutlich, dass das CNN keine wirklichen Fehlermerkmale am Bauteil detektiert und irrelevante Merkmale zur Erkennung nutzt. Es ist festzustellen, dass ein solches ML-Modell für die Aufgabe der Defekterkennung auszuschließen ist. Zudem zeigen die Ergebnisse den essentiellen Charakter der Erklärbarkeit und Prüfung auf Sinnhaftigkeit von Inferenzergebnissen bei der Anwendung maschineller

Tabelle 6.10 Die Konfusionsmatrix zeigt die Ergebnisse des binären Klassifikationsmodells ohne Freezing

		Modellvorhersage		
		i.O.	n.i.O.	Gesamt
Grund-wahrheit	i.O.	51 (100 %)	1 (0 %)	52
	n.i.O.	2 (20 %)	9 (80 %)	11
	Gesamt	53	10	

Lernverfahren in Produktionsanlagen (vgl. Kapitel 5). Insbesondere bei der Verwendung von Klassifaktionsmodellen müssen neben einer Evaluation der Metriken aus der Konfusionsmatrix (u. a. Precision, Recall) auch die Ursachen für eine entsprechende Klassifikation überprüft werden.

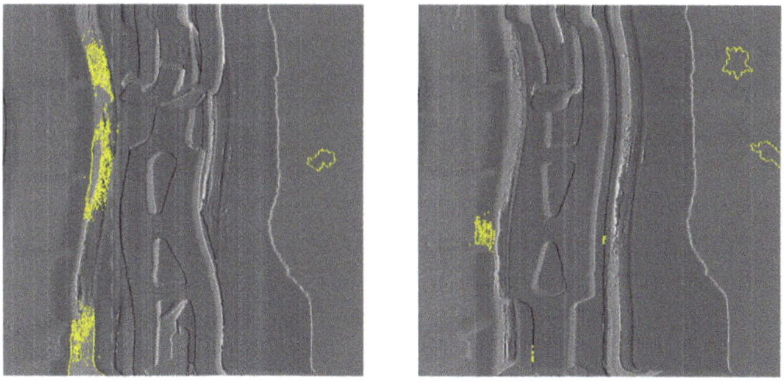

(a) (b)

Abbildung 6.30 Die gelb markierten Bereiche zeigen die ROI des binären Klassifikators für die n. i. O.-Klassifikation. In (a) ist eine fehlerhafte Montage der Federbandschelle klar erkennbar, wobei das neuronale Netz zur Klassifikation irrelevante Bereiche verwendet. In (b) handelt es sich um einen Pseudofehler, bei dem das ML-Modell zur Klassifikation irrelevante Bereiche für die n. i. O.-Bewertung verwendet

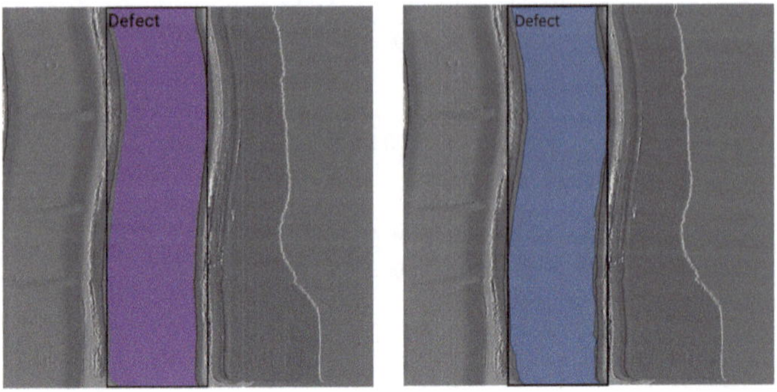

Abbildung 6.31 In (a) ist die Annotation des n. i. O.-Bereichs dargestellt und in (b) die Inferenz des Mask-RCNN. Die beiden Bereiche haben eine Überdeckung von rund 95 %

Segmentierungsmodelle zur Defekterkennung

Eine weitere Möglichkeit zur Erkennung defekter Bauteile bieten neuronale Netze zur Bildsegmentierung, bei denen fehlerhafte Bereiche direkt erlernt und bei der Inferenz ausgegeben werden. Das zugrundeliegende Deep Learning Modell ist ein Mask-RCNN [220]. Die Annotation eines Bildes für dieses Verfahren ist in Abbildung 6.31 (a) dargestellt. Der wesentliche Vorteil gegenüber binären Klassifikationsmodellen besteht darin, dass Defektmerkmale in einem Bild direkt durch das ML-Modell erlernt werden. Bei der Inferenz gibt das neuronale Netz entsprechend Abbildung 6.31 (b) ein Bild mit einer Segmentierung des Eingangsbildes in i. O./n. i. O.-Bereiche aus, anhand dessen eine Klassifikation durchgeführt wird.

In Tabelle 6.11 sind die Ergebnisse des Mask-RCNN in der Form einer Konfusionsmatrix dargestellt. Bei einem Vergleich der erreichten Metriken mit dem binären Klassifikationsmodell besteht auf den ersten Blick kein signifikanter Unterschied. Jedoch wird mit der Methode die Erklärbarkeit bereits in der Inferenz des Deep Learning Modells abgesichert.

Zur weiteren Untersuchung wird das Hauptaugenmerk auf den Schlupffehler gelegt und dieser untersucht, da diese Fehlerart besonders entscheidend für die Industrialisierung maschineller Lernverfahren in Fertigungsanlagen ist. Der Schlupffehler tritt bei einem Bild mit einem deutlich sichtbaren Fehler bei der Bildaufnahme auf, wobei in Abbildung 6.32 (c) das Bild visualisiert ist. Die Ursache für diesen Aufnahmefehler ist bereits in den Rohdaten vorhanden und konnte auf den Sensorkopf oder die Roboterführung eingegrenzt, aber nicht endgültig aufgeklärt werden. Das Bild mit dem Aufnahmefehler wird fälschlicherweise als i. O. durch

Tabelle 6.11 Die Konfusionsmatrix zeigt die Ergebnisse des Bildsegmentierungsmodells (Basismodell: Mask-RCNN)

		Modellvorhersage		
		i.O.	**n.i.O.**	**Gesamt**
Grund-wahrheit	**i.O.**	51 (98 %)	1 (2 %)	52
	n.i.O.	1 (9 %)	10 (91 %)	11
	Gesamt	52	11	

das Mask-RCNN klassifiziert, was die Anfälligkeit von überwachten maschinellen Lernverfahren bei der Inferenz auf Bildern außerhalb der Trainingsdatenverteilung bzw. bei Datenveränderung zeigt (epistemische Unsicherheit). Diese Art von Fehler soll entsprechend der eingeführten vierten Hypothese aus Abschnitt 5.3 durch das Kompetenzmodell detektiert werden, wohingegen spezifische Fehlermerkmale durch das erklärbare Analysemodell erkannt werden. Im folgenden Abschnitt wird das gesamte ML-System bestehend aus Kompetenz- und Analysemodell anhand eines großen Datensatzes hinsichtlich der Industrialisierbarkeit hin evaluiert.

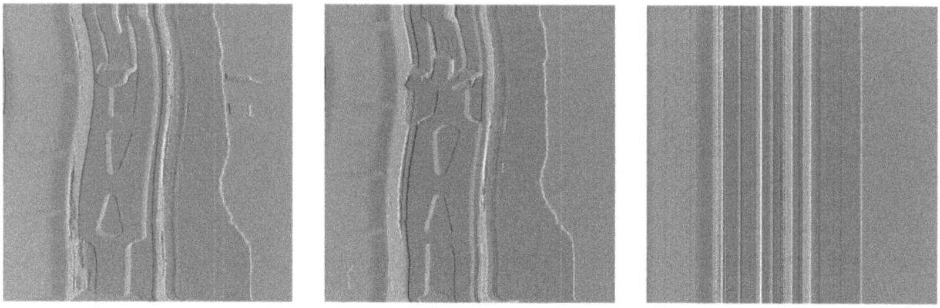

(a) (b) (c)

Abbildung 6.32 Daten zur Prüfung des Faltenbalgs mit in (a) einer i. O.-Schelle, (b) fehlerhaft montierte Federbandschelle und (c) einer fehlerhaften Datenaufnahme

6.3.5 Evaluation der Modellarchitektur

Zur Überprüfung der Industrialisierbarkeit wird der bestehende Datensatz durch zusätzliche Daten aus der MEB-Lenkungsmontage ergänzt und die vollständige Modellarchitektur mit Kompetenz- und Analysemodellen (vgl. Abschnitt 6.3.2) auf die Performance und zur Überprüfung der vierten Hypothese hin evaluiert. In Tabelle 6.12 ist der erhobene Datensatz mit der Unterteilung in Trainings- und Testdatensatz sowie der Anzahl an i. O./n. i. O.-Daten dargestellt.

Tabelle 6.12 Der erhobene Datensatz mit Unterteilung in Trainings- und Testdatensatz, sowie zugehöriger Klassifikation

	Trainingsdatensatz	Testdatensatz
i. O.	2794	552
n. i. O.	209	47
Gesamt	3003	599

Nach einem Training der überwachten und unüberwachten maschinellen Lernverfahren aus den beschriebenen Kompetenz- und Analysemodellen wird das gesamte ML-Modell anhand des Testdatensatzes evaluiert. Die Ergebnisse sind in der Konfusionsmatrix in Tabelle 6.13 dargestellt, wobei eine Genauigkeit von 99 % erreicht wird. Entscheidend für die Industrialisierung ist vorrangig die Art der Fehler, wobei es mittels der entwickelten Architektur der neuronalen Netze zu keinem Schlupffehler kommt und der Pseudofehler bei rund 1 % liegt. Somit erfüllt das ML-System die technischen Anforderungen aus Abschnitt 6.3.1.

Zur weiteren Evaluation des Systems werden beispielhaft drei unterschiedliche Bilder zur Qualitätsprüfung des Faltenbalgs ausgewählt, um die Relevanz der Kompetenzmodelle und Analysemodelle aufzuzeigen. Die beiden relevanten Qualitätsmerkmale für i. O.-Bauteile sind zum einen die korrekte Position der Federbandschelle innerhalb der vorgesehenen Vertiefung im Faltenbalg. Zum anderen muss der Faltenbalg direkt an der Nut der Gelenkstange anliegen. In Abbildung 6.32 (a) ist ein entsprechendes i. O.-Bild dargestellt, welches sowohl von den Kompetenzmodellen als auch vom Analysemodell als i. O. klassifiziert worden ist. In Abbildung 6.32 (b) ist ein n. i. O.-Bild dargestellt, welches von dem Kompetenzmodell als i. O. aber durch das Analysemodell als n. i. O. klassifiziert wurde. Der Fehler bei dem Bauteil besteht darin, dass sich die Federbandschelle nicht innerhalb der Vertiefung des Faltenbalgs befindet und keine klare Kante (sichtbar durch eine schwarze Linie)

Tabelle 6.13 Die Konfusionsmatrix zeigt die Ergebnisse des kombinierten Kompetenz- und Analysemodells auf den Testdaten nach Abschluss der Entwicklungsphase

Grundwahrheit \ Modellvorhersage	i.O.	n.i.O.	Gesamt
i.O.	547 (99 %)	5 (1 %)	552
n.i.O.	0 (0 %)	47 (100 %)	47
Gesamt	547	52	

zwischen dem Steg des Faltenbalgs und der Schelle entsteht. In dem Aufnahmezeitraum kam es in zwei Fällen zu einer fehlerhaften Datenaufnahme (2/3003), wobei ein solches Bild in 6.32 (c) abgebildet ist. Die beiden Kompetenzmodelle klassifizierten diese zwei Bilder als n. i. O., da es eine klare Abweichung zu der Trainingsdatenverteilung darstellt. Das Analysemodell hingegen klassifizierte diese Bilder als i. O., wobei die Ursachen hierfür bereits im vorangegangen Abschnitt 6.3.3 diskutiert wurden.

Die Ergebnisse der kombinierten Modellarchitektur zeigen eine hohe Genauigkeit des entwickelten ML-Systems, welche den technischen Anforderungen für eine Industrialisierung genügt. Der geforderte Ausschluss von Schlupffehler bei gleichzeitig geringer Pseudofehlerquote konnte durch die Kombination von Kompetenz- und Analysemodellen erreicht werden. Die Ergebnisse des Vorgehens bestätigen die vierte Hypothese aus Kapitel 5 Abschnitt 5.3, wobei eine effiziente Absicherung gegenüber epistemischer Unsicherheit eine notwendige Bedingungen für eine Industrialisierung maschineller Lernverfahren darstellt.

7 Schlussbetrachtung

7.1 Zusammenfassung

Die Zielstellung dieser Dissertation ist es, einen Beitrag zur Absicherung der Industrialisierung von maschinellen Lernverfahren in Fertigungsanlagen zu leisten und Voraussetzungen zu schaffen, dass zukünftige Erfolgsquoten bei ML-Projekten in der industriellen Produktion gesteigert werden können. Zur Beantwortung der ersten Forschungsfrage wurden zunächst Entscheidungskriterien zur Identifikation geeigneter Anwendungsfälle für maschinelle Lernverfahren in Fertigungsanlagen hergeleitet. Zur gezielten Auswahl geeigneter Anwendungsfälle für ML-Verfahren wurden in einem empirischen Fallstudiendesign Hypothesen und darauf aufbauend eine Grundlage zur Entscheidung, ob ein maschinelles Lernverfahren oder regelbasierte Programmierung für die Lösung einer technischen Herausforderung geeignet ist, geschaffen. Hierdurch kann bereits frühzeitig im Entstehungsprozess einer Fertigungsanlage ein ML-Verfahren in spezifischen Anwendungen eingeplant werden. Die Entscheidungsgrundlage umfasst sechs Leitfragen, welche anhand der Bewertungsskala 1-3-9 bewertet werden. Durch die Bildung der Summe aus den Bewertungen wird eine Einteilung möglich, wodurch auf das zu wählende Modellierungsverfahren geschlossen werden kann.

Für die Beantwortung der zweiten Forschungsfrage wurden zunächst die notwendigen Bedingungen zur Industrialisierung maschineller Lernverfahren definiert. Hierbei wurden aufbauend auf der mathematischen Theorie zur Unsicherheitsquantifizierung Bedingungen für eine erfolgreiche Industrialisierung definiert. Als Ausgangspunkt dient die Unterscheidung in aleatorische und epistemische Fehler, da

J. Voigt, *Beitrag zur Industrialisierung maschineller Lernverfahren in Fertigungsanlagen*, AutoUni – Schriftenreihe 180,
https://doi.org/10.1007/978-3-658-50177-8_7

anhand dieser Differenzierung die maximal erreichbare Leistungsfähigkeit der ML-Verfahren eindeutig bestimmt werden kann. Im Anschluss wird zur Beantwortung der dritten Forschungsfrage eine Methode zur Überprüfung und Gewährleistung der Industrialisierbarkeit von maschinellen Lernverfahren definiert und systematisch in drei Fallbeispielen aufgezeigt. Die eingeführte Systematik ist durch den Ansatz des Data-Centric AI motiviert, wobei in dieser Arbeit ein mathematisches und konzeptionelles Fundament für dieses Entwicklungsmodell für ML-Verfahren gelegt wird. Schwerpunkt im zweiten Abschnitt zur Entwicklung maschineller Lernverfahren ist die systematische Evaluierung der aleatorischen Unsicherheit und die Absicherung von ML-Modellen gegenüber epistemischer Vorhersagefehler. Im ersten Fallbeispiel wird durch die hergeleitete Systematik zur Entwicklung von ML-Systemen der aleatorische Fehler in einem Vorhersagemodell zur Bewertung der Schweißbarkeit von Bauteilen bestimmt. Hierbei wird unter Verwendung der statistischen Versuchsplanung die Präzision und Richtigkeit der einzusetzenden Sensorik evaluiert und ein Fuzzy-Modell zur Vorhersage implementiert. Durch die Propagation der Messunsicherheit durch das Modell wird ein großer Konfidenzbereich der Vorhersage in den relevanten Übergangsbereichen erkennbar. Mittels der eingeführten Systematik kann somit eine eindeutige Aussage über die Erfüllung der Anforderungen für eine Industrialisierung getroffen werden. Das zweite Fallbeispiel zeigt die systematische Datenanalyse von Prozessdaten im Bereich von Big Data (Prozessmonitoring) für die metallische additive Fertigung. Hierbei konnten bisher unbekannte Datensignaturen mittels unüberwachter ML-Verfahren entdeckt und durch eine FEM-Analyse erklärt werden. Diese Datensignaturen weisen auf eine aleatorische Unsicherheit bei der in situ Qualitätssicherung in diesem Prozess hin, welche die Vorhersagegenauigkeit bei der QS-Bewertung von Bauteilen einschränkt. Die dritte Fallstudie zeigt die Entwicklung eines ML-Modells zur Qualitätsbewertung eines Faltenbalgs in einer Lenkungsmontage. Der Schwerpunkt in diesem Fallbeispiel ist die geeignete Datenaufbereitung eines aufgenommenen Höhenprofils und die Entwicklung einer Modellarchitektur, bestehend aus Kompetenz- und Analysemodell, zur Absicherung des ML-Systems gegenüber epistemischer Unsicherheit. Durch diese Schritte konnte ein erklärbares maschinelles Lernverfahren entwickelt werden, welches die Anforderungen für die Industrialisierung erreicht.

In dieser Dissertation wird die Grundlage für die Planung und Auswahl geeigneter Anwendungsfälle für maschinelle Lernverfahren gelegt. Somit kann bereits im Entstehungsprozess einer Fertigungsanlage für definierte Arbeitsfolgen die benötige IT-Infrastruktur für ML-Verfahren eingeplant werden und eine fehlerhafte (nicht wertschöpfende) Projektauswahl vermieden werden. Allerdings müssen zu diesem Zeitpunkt bereits ausreichend Informationen über den Fertigungsprozess vorliegen, was eine eindeutige Bewertung entsprechend der vorgeschlagenen Skala limitieren kann. Zudem ist die Bewertung der einzelnen Fragen ein subjektiver Prozess, wodurch beispielsweise eine kognitive Verzerrung (engl. cognitive bias) aufgrund von vergangenen Erfahrungen oder auch Meinungen die Bewertung unbemerkt beeinflussen können. Laut Richtlinien zur Erstellung vergleichbarer Bewertungen (z. B. FMEA) und anhand der Erfahrungen während der Erstellung dieser Dissertation ist es empfehlenswert, die Entscheidungsgrundlage in einem Team zu erarbeiten. Bei der Zusammenstellung dieses Teams ist es wichtig, unterschiedliche Perspektiven mit einfließen zu lassen und sich einen guten Überblick über die zugrundeliegenden Fertigungsverfahren zu verschaffen. Bei einer unklaren Entscheidung ist eine im Rahmen dieser Dissertation diskutierte Lösung die initiale Inbetriebnahme der Fertigungsanlage mit einem regelbasierten System, wobei die Grundlage für ein maschinelles Lernverfahren bereits gelegt ist. Somit wird die Möglichkeit eröffnet sukzessive auf ein ML-Verfahren umzustellen, welches mit zunehmender Menge an Daten eine höhere Performance als das regelbasierte System erreichen kann. Die geschaffene Entscheidungsgrundlage ist erstmals der Versuch, die Anlagenplanung bei der Auswahl geeigneter Technologien zur Modellierung zu unterstützen. Dennoch ist es empfehlenswert, in zukünftigen Forschungsarbeiten die geschaffenen Entscheidungskriterien an zusätzlichen Beispielen zu testen und gegebenenfalls zu erweitern.

Die Systematik zur Bewertung der Industrialisierbarkeit eines maschinellen Lernverfahrens anhand der aleatorischen Unsicherheit ist bei der Erhebung mehrerer Sensordaten ein zeitaufwendiges Unterfangen, da die Methode der statistischen Versuchsplanung auch bei teilfaktoriellen Versuchsplänen zu großen Versuchsfeldern führen kann. Zudem können unter Umständen nicht alle Störgrößen bereits vor der Entstehung einer Fertigungsanlage identifiziert werden. Selbst Methoden wie eine FMEA können häufig nicht alle Stör- oder Fehlereinflüsse identifizieren, was zu einer gewissen Einschränkung führt. Die Absicherung gegenüber epistemischer Unsicherheit ist durch die dargestellte Modellarchitektur möglich. Das Analysemodell muss dennoch auf einer repräsentativen Stichprobe von Defekten trainiert werden. Dieser Trainingsprozess benötigt bei der Industrialisierung einen gewissen Zeitraum zum weiteren Training der Modelle, weshalb auch bei einer positiven Bewertung entlang dieser Systematik weitere Optimierungsschleifen notwendig sind. Die Dissertation ist im Projektablauf vor den herkömmlichen Prozessmodellen einzuordnen, da zunächst eine Projektauswahl und Evaluierung der Industrialisierbarkeit durchgeführt wird. Die bekannten Prozessmodelle sind im Anschluss an diese Evaluierung weiterhin durchzuführen und behalten ihre Gültigkeit.

7.2 Ausblick

In zukünftigen wissenschaftlichen Arbeiten auf dem Gebiet des maschinellen Lernens in der Fertigungstechnik ist ein relevantes Forschungsfeld die Entwicklung und Verwendung synthetischer Daten, wodurch die benötigte Zeit zur Datenerhebung in den Fertigungsanlagen minimiert werden kann. Die Erzeugung dieser synthetischen Daten kann beispielsweise durch die Kombination von physikbasierten Simulationen und dem Einsatz von Computeranimationen sowie durch generative maschinelle Lernverfahren durchgeführt werden. Ein weiteres Forschungsfeld könnte zudem die Entwicklung sogenannter Foundation Models für die explizite Anwendung in der Fertigungstechnik sein. Hierdurch kann bereits in den Ausgangsmodellen (Stichwort: Transfer Learning) eine hohe Generalisierungsfähigkeit für spezifische Anwendungen in der Fertigung erreicht werden. Derartige Modelle existieren bereits u. a. bei der Sprachverarbeitung und bilden die Basis der bekannten großen Sprachmodelle (engl. Large Language Models). Ein wesentliches Hindernis für derartige Entwicklungen stellen Beschränkungen hinsichtlich der Bereitstellung von Daten aus der produzierenden Industrie für öffentliche Entwicklungsarbeit dar. Es ist deshalb eher davon auszugehen, dass entsprechende Entwicklungsarbeiten in großen Industrieunternehmen oder großen Forschungsverbunden intern durchgeführt werden. In der vorliegenden Arbeit wurden einzelne Arbeitsfolgen oder Prozesse durch den Einsatz maschineller Lernverfahren optimiert. Perspektivisch kann dieser Ansatz auf den gesamten Entstehungsprozess eines Produkts übertragen werden, wobei frühzeitige Prognosen über die resultierende Qualität von Bauteilen getroffen werden können. Dies würde der fünften Ausbaustufe der Industrie 4.0 entsprechen.

In der vorliegenden Arbeit liegt der Fokus auf der Überwachung von Prozessen, wobei diese u. a. zur Identifikation neuer Datensignaturen eingesetzt wurden. In nachfolgenden Untersuchungen kann neben der Überwachung auch die Prozessregelung und Entwicklung autonomer Systeme einen weiteren Mehrwert bei der Produktion bringen [4]. Diese Systeme müssen allerdings äußerst präzise Einstellungen vornehmen können und insbesondere bei unerwarteten und unbekannten Fehlern eine Nachjustierung durchführen können. Zudem müssen in Fertigungsanlagen häufig auch mechanische Arbeiten durchgeführt werden, wobei der Einsatz von menschenähnlichen Robotern einen wichtigen Forschungsbereich darstellt. Im akademischen Umfeld und in frühen Entwicklungsphasen werden in kleinen Pilotanlagen neue Fertigungstechnologien erprobt und entwickelt. Die evaluierten Technologien werden im Anschluss skaliert und in Anlagen zur Massenproduktion eingesetzt. Bei der Entwicklung von ML-Modellen ist ein relevantes Forschungsgebiet die Skalierung der Modelle an die jeweiligen Einsatzbereiche, da die zur Verfügung stehenden Datensätze ebenfalls skalieren. Eine wesentliche Fragestellung liegt in der korrekten Skalierung der ML-Modelle und deren Parametrisierung. Zentrales Element bei dieser Forschung ist die Sinnhaftigkeit der Modellvorhersagen durch entsprechende Metriken zu bewerten und dadurch Modelle mit einer hohen Generalisierung zu erreichen [221, 222].

Literatur

[1] Statistisches Bundesamt. Industriesektor in Deutschland weiterhin stark: Bruttowertschöpfung Verarbeitendes Gewerbe. Berlin, 2024. https://www.destatis.de/Europa/DE/Thema/Industrie-Handel-Dienstleistungen/Industrie.html.

[2] Alexandre Manta-Costa et al. „Machine Learning Applications in Manufacturing – Challenges, Trends, and Future Directions“. In: IEEE Open Journal of the Industrial Electronics Society 5 (2024), S. 1085–1103. https://doi.org/10.1109/OJIES.2024.3431240.

[3] Markus Harlacher et al. „Produzierendes Gewerbe auf internationalem Niveau“. In: Zeitschrift für wirtschaftlichen Fabrikbetrieb 118.3 (2023), S. 173–177. ISSN: 2511–0896. DOI: https://doi.org/10.1515/zwf-2023-1012.

[4] Andreas Mockenhaupt. Digitalisierung und Künstliche Intelligenz in der Produktion. Wiesbaden: Springer Fachmedien Wiesbaden, 2021. ISBN: 978-3-658-32772-9. https://doi.org/10.1007/978-3-658-32773-6.

[5] BMWK, Hrsg. Strategie Künstliche Intelligenz der Bundesregierung. 2018. https://www.publikationen-bundesregierung.de/pp-de/publikationssuche/strategie-kuenstliche-intelligenz-der-bundesregierung-2018-1551264.

[6] Jörg Frochte. Maschinelles Lernen: Grundlagen und Algorithmen in Python. 3.,überarbeitete und erweiterte Auflage. Plus.Hanser-Fachbuch. München: Hanser, 2021. ISBN: 978-3-446-46144-4.

[7] Eyke Hüllermeier und Willem Waegeman. „Aleatoric and epistemic uncertainty in machine learning: An introduction to concepts and methods“. In: Machine Learning 110.3 (2021), S. 457–506. ISSN: 0885–6125. https://doi.org/10.1007/s10994-021-05946-3.

[8] Aurélien Géron. Hands-on machine learning with Scikit-Learn, Keras and TensorFlow: Concepts, tools and techniques to build intelligent systems. Second edition, seventh release. Beijing u. a.: O'Reilly, 2020. ISBN: 9781492032649.

[9] Ian Goodfellow, Yoshua Bengio und Aaron Courville. Deep Learning. MIT Press, 2016.

[10] Belén Ríos–Sánchez et al. „Deep learning for face recognition on mobile devices“. In: IET Biometrics 9.3 (2020), S. 109–117. ISSN: 2047–4938. https://doi.org/10.1049/iet-bmt.2019.0093.

J. Voigt, *Beitrag zur Industrialisierung maschineller Lernverfahren in Fertigungsanlagen*, AutoUni – Schriftenreihe 180,
https://doi.org/10.1007/978-3-658-50177-8

[11] Vinh Truong und Vinh Hoang. „Machine Learning Optimization in Computational Advertising – A Systematic Literature Review“. In: Intelligent Systems Modeling and Simulation II. Hrsg. von Samsul Ariffin Abdul Karim. Bd. 444. Studies in Systems, Decision and Control. Cham: Springer International Publishing, 2022, S. 97–111. ISBN: 978-3-031-04027-6. https://doi.org/10.1007/978-3-031-04028-3_8.

[12] OpenAI et al. GPT-4 Technical Report. 2023.https://doi.org/10.48550/arXiv.2303.08774.

[13] Johannes Vater et al. „Development of a Cloud- and Edge-Architecture for adaptive model weight optimization of a CNN exemplified by optical detection of hairpin welding“. In: 2020 10th International Electric Drives Production Conference (EDPC). 2020, S. 1–7. https://doi.org/10.1109/EDPC51184.2020.9388192.

[14] Deepa Joshi, Thipendra P. Singh und Gargeya Sharma. „Automatic surface crack detection using segmentation-based deep-learning approach“. In: Engineering Fracture Mechanics 268.3 (2022), S. 108467. ISSN: 00137944. https://doi.org/10.1016/j.engfracmech.2022.108467.

[15] G. Herzberg et al. „The imperatives for automation success“. In: McKinsey & Company (2020).

[16] Andrei Paleyes, Raoul-Gabriel Urma und Neil D. Lawrence. „Challenges in Deploying Machine Learning: A Survey of Case Studies“. In: ACM Computing Surveys 15.1 (2022), S. 22. ISSN: 0360–0300. https://doi.org/10.1145/3533378.

[17] Rob Ashmore, Radu Calinescu und Colin Paterson. „Assuring the Machine Learning Lifecycle“. In: ACM Computing Surveys 54.5 (2022), S. 1–39. ISSN: 0360–0300. https://doi.org/10.1145/3453444.

[18] Laurence Goasduff. Gartner Predicts 80% of D&A Governance Initiatives Will Fail by 2027, Due to a Lack of a Real or Manufactured Crisis. London, 2024. https://www.gartner.com/en/newsroom/press-releases/2024-02-28-gartner-predicts-80-percent-of-data-and-analytics-governance-initiatives-will-fail-by-2027-due-to-a-lack-of-a-real-or-manufactured-crisis-.

[19] Holger Brüggemann und Peik Bremer. Grundlagen Qualit ätsmanagement. Wiesbaden: Springer Fachmedien Wiesbaden, 2020. ISBN: 978-3-658-28779-5. https://doi.org/10.1007/978-3-658-28780-1.

[20] Andreas Mayr et al. „Machine Learning in Production – Potentials, Challenges and Exemplary Applications“. In: Procedia CIRP 86.5 (2019), S. 49–54. ISSN: 22128271. https://doi.org/10.1016/j.procir.2020.01.035.

[21] Hironori Takeuchi und Shuichiro Yamamoto. „Business Analysis Method for Constructing Business – AI Alignment Model“. In: Procedia Computer Science 176 (2020), S. 1312–1321. ISSN: 18770509. https://doi.org/10.1016/j.procs.2020.09.140.

[22] Johannes Jakubik et al. „Data-Centric Artificial Intelligence“. In: Business & Information Systems Engineering (2024). ISSN: 2363–7005. https://doi.org/10.1007/s12599-024-00857-8.

[23] DIN 8580:2022-12, Fertigungsverfahren_- Begriffe, Einteilung. Berlin. https://doi.org/10.31030/3217872.

[24] Ralf Förster und Anna Förster. „Einteilung der Fertigungsverfahren nach DIN 8580“. In: Einführung in die Fertigungstechnik. Hrsg. von Ralf Förster und Anna Förster. Berlin, Heidelberg: Springer Berlin Heidelberg, 2018, S. 23–136. ISBN: 978-3-662-54701-4. https://doi.org/10.1007/978-3-662-54702-1_2.

[25] P. Muchiri und L. Pintelon. „Performance measurement using overall equipment effectiveness (OEE): literature review and practical application discussion". In: International Journal of Production Research 46.13 (2008), S. 3517–3535. ISSN: 0020-7543.https://doi.org/10.1080/00207540601142645.

[26] Alfred Herbert Fritz und Jörg Schmütz, Hrsg. Fertigungstechnik. 13. Auflage 2022. Springer-Lehrbuch. Berlin: Springer Berlin und Springer Vieweg, 2022. ISBN: 978-3-662-64874-2.

[27] DIN 55350:2021-10, Begriffe zum Qualit ätsmanagement. Berlin. https://doi.org/10.31030/3270647.

[28] Six Big Losses – Die wichtigsten Verlustursachen der OEE. https://www.symestic.com/de-de/blog/six-big-losses-die-wichtigsten-verlustursachen-der-oee.

[29] Verband der Automobilindustrie e. V., Hrsg. Qualit ätsmanagement in der Automobilindustrie: Qualit ätsbezogene Kosten: – Fehlerkosten und Fehlerverhütungskosten, Umfang und Umsetzung -. Berlin: Heinrich Druck + Medien GmbH, 2015.

[30] Verband der Automobilindustrie e. V., Hrsg. Qualit ätsmanagement in der Automobilindustrie: Austausch von Qualit ätsdaten. 3.überarbeitete Auflage. Berlin, 2021.

[31] Christian Hopmann und Mauritius Schmitz. „Digitalisierung in der Kunststoffverarbeitung". In: Monetarisierung von technischen Daten. Hrsg. von Daniel Trauth, Thomas Bergs und Wolfgang Prinz. Berlin, Heidelberg: Springer Berlin Heidelberg, 2021, S. 389–404. ISBN: 978-3-662-62914-7. https://doi.org/10.1007/978-3-662-62915-4_20.

[32] Markus Focke und Jörn Steinbeck. Steigerung der Anlagenproduktivit ät durch OEE-Management. Wiesbaden: Springer Fachmedien Wiesbaden, 2024. ISBN: 978-3-658-44765-6.https://doi.org/10.1007/978-3-658-44766-3.

[33] Armin Roth, Hrsg. Einführung und Umsetzung von Industrie 4.0. Berlin, Heidelberg: Springer Berlin Heidelberg, 2016. ISBN: 978-3-662-48504-0. https://doi.org/10.1007/978-3-662-48505-7.

[34] Martina Heßler und Nora Thorade. „Die Vierteilung der Vergangenheit. Eine Kritik des Begriffs Industrie 4.0". In: Technikgeschichte 86.2 (2019), S. 153–170. ISSN: 0040–117X. https://doi.org/10.5771/0040-117X-2019-2-153.

[35] Volker P. Andelfinger und Hänisch. Industrie 4.0. Springer Fachmedien Wiesbaden, 2017. ISBN: 978-3-658-15556-8.

[36] David Siepmann und Norbert Graef. „Industrie 4.0 – Grundlagen und Gesamtzusammenhang". In: Einführung und Umsetzung von Industrie 4.0. Hrsg. von Armin Roth. Berlin, Heidelberg: Springer Berlin Heidelberg, 2016, S. 17–82. ISBN: 978-3-662-48504-0. https://doi.org/10.1007/978-3-662-48505-7_2.

[37] Promotorengruppe Kommunikation der Forschungsunion Wirtschaft – Wissenschaft. Umsetzungsempfehlungen für das Zukunftsprojekt Industrie 4.0. Abschlussbericht des Arbeitskreises Industrie 4.0. Frankfurt am Main, 2013. https://www.acatech.de/publikation/umsetzungsempfehlungen-fuer-das-zukunftsprojekt-industrie-4-0-abschlussbericht-des-arbeitskreises-industrie-4-0/.

[38] Djerdj Horvat, Henning Kroll und Angela Jäger. „Researching the Effects of Automation and Digitalization on Manufacturing Companies' Productivity in the Early Stage of Industry 4.0". In: Procedia Manufacturing 39 (2019), S. 886–893. ISSN: 23519789.https://doi.org/10.1016/j.promfg.2020.01.401.

[39] Michael Rüßmann et al. „Industry 4 . 0 : The Future of Productivity and Growth in Manufacturing Industries April 09". In: 2016. https://api.semanticscholar.org/CorpusID:140076682.

[40] Marian Carcary et al. „Transforming to a digital enterprise-An empirical investigation“. In: The european conference on information systems management. 2017, S. 27–36.

[41] Niklas Steireif et al. „Potenzialanalyse von KI-Anwendungen in der Produktion“. In: Zeitschrift für wirtschaftlichen Fabrikbetrieb 118.4 (2023), S. 258–264. ISSN: 2511–0896. https://doi.org/10.1515/zwf-2023-1052.

[42] Johannes Vater, Lars Harscheidt und Alois Knoll. „A Reference Architecture Based on Edge and Cloud Computing for Smart Manufacturing“. In: 2019 28th International Conference on Computer Communication and Networks (ICCCN). IEEE, 2019, S. 1–7. ISBN: 978-1-7281-1856-7. https://doi.org/10.1109/ICCCN.2019.8846934.

[43] Klaus Helmrich. „Wie die Cloud, Edge Computing und Künstliche Intelligenz zur Nachhaltigkeit in der Industrie beitragen“. In: CSR und Digitalisierung. Hrsg. von Alexandra Hildebrandt und Werner Landhäußer. Management-Reihe Corporate Social Responsibility. Berlin, Heidelberg: Springer Berlin Heidelberg, 2021, S. 175–192. ISBN: 978-3-662-61835-6. https://doi.org/10.1007/978-3-662-61836-3_11.

[44] Xixiang Wang und Jiafu Wan. „Cloud-Edge Collaboration-Based Knowledge Sharing Mechanism for Manufacturing Resources“. In: Applied Sciences 11.7 (2021), S. 3188. ISSN: 2076–3417.https://doi.org/10.3390/app11073188.

[45] Marc Langendorf und Jonas Kulawik. Volkswagen und Amazon Web Services entwickeln Industrial Cloud. 2019. https://www.volkswagen-group.com/de/pressemitteilungen/volkswagen-und-amazon-web-services-entwickeln-industrial-cloud-16911.

[46] Mascha Kurpicz-Briki. „Eine Einführung in maschinelles Lernen“. In: Mehr als ein Chatbot. Hrsg. von Mascha Kurpicz-Briki. Cham: Springer Nature Switzerland, 2024, S. 9–17. ISBN: 978-3-031-58544-9. https://doi.org/10.1007/978-3-031-58545-6_2.

[47] Artem Oppermann. Was ist Deep Learning? https://artemoppermann.com/de/was-ist-deep-learning/.

[48] Ian J. Goodfellow et al. Generative Adversarial Networks. 2014.https://doi.org/10.48550/arXiv.1406.2661.

[49] Diederik P. Kingma und Max Welling. „An Introduction to Variational Autoencoders“. In: FNT in Machine Learning (Foundations and Trends in Machine Learning) 12.4 (2019), S. 307–392. https://doi.org/10.1561/2200000056.

[50] Kurt Hornik, Maxwell Stinchcombe und Halbert White. „Multilayer feedforward networks are universal approximators“. In: Neural Networks 2.5 (1989), S. 359–366. ISSN: 08936080. https://doi.org/10.1016/0893-6080(89)90020-8.

[51] David E. Rumelhart, Geoffrey E. Hinton und Ronald J. Williams. „Learning representations by back-propagating errors“. In: Nature 323.6088 (1986), S. 533–536. ISSN: 0028–0836. https://doi.org/10.1038/323533a0.

[52] Michael A. Nielsen. Neural Networks and Deep Learning. Determination Press, 2015. http://neuralnetworksanddeeplearning.com/.

[53] Lucas Baier, Fabian Jöhren und Stefan Seebacher. „CHALLENGES IN THE DEPLOYMENT AND OPERATION OF MACHINE LEARNING IN PRACTICE“. In: 2019.

[54] Zoubin Ghahramani. „Unsupervised Learning“. In: Advanced Lectures on Machine Learning. Hrsg. von Olivier Bousquet, Ulrike von Luxburg und Gunnar Rätsch. Bd. 3176. Lecture Notes in Computer Science. Berlin, Heidelberg: Springer Berlin Heidelberg, 2004, S. 72–112. ISBN: 978-3-540-23122-6. https://doi.org/10.1007/978-3-540-28650-9_5.

[55] S. Lloyd. „Least squares quantization in PCM“. In: IEEE Transactions on Information Theory 28.2 (1982), S. 129–137. ISSN: 0018–9448.https://doi.org/10.1109/TIT.1982.1056489.

[56] M. Emre Celebi und Kemal Aydin. Unsupervised Learning Algorithms. Cham: Springer International Publishing, 2016. ISBN: 978-3-319-24209-5. https://doi.org/10.1007/978-3-319-24211-8.

[57] Kamal Berahmand et al. „Autoencoders and their applications in machine learning: a survey“. In: Artificial Intelligence Review 57.2 (2024). https://doi.org/10.1007/s10462-023-10662-6.

[58] Yalin Wang et al. „Deep learning for fault-relevant feature extraction and fault classification with stacked supervised auto-encoder“. In: Journal of Process Control 92 (2020), S. 79–89. ISSN: 09591524. https://doi.org/10.1016/j.jprocont.2020.05.015.

[59] Moschos Papananias et al. „A probabilistic framework for product health monitoring in multistage manufacturing using Unsupervised Artificial Neural Networks and Gaussian Processes“. In: Proceedings of the Institution of Mechanical Engineers, Part B: Journal of Engineering Manufacture 237.9 (2023), S. 1295–1310. ISSN: 0954-4054. https://doi.org/10.1177/09544054221136510.

[60] Shailesh Tripathi et al. „Ensuring the Robustness and Reliability of Data-Driven Knowledge Discovery Models in Production and Manufacturing“. In: Frontiers in artificial intelligence 4 (2021), S. 576892. https://doi.org/10.3389/frai.2021.576892.

[61] Shiqiang Ma et al. EAA-Net: Rethinking the Autoencoder Architecture with Intra-class Features for Medical Image Segmentation. 2022. https://doi.org/10.48550/arXiv.2208.09197.

[62] Richard S. Sutton, Francis Bach und Andrew G. Barto. Reinforcement Learning: An Introduction. 2 ed. Adaptive Computation and Machine Learning series. Massachusetts: MIT Press Ltd, 2018. ISBN: 978-0-262-03924-6.

[63] David Silver et al. „Mastering the game of Go with deep neural networks and tree search“. In: Nature 529.7587 (2016), S. 484–489. ISSN: 0028-0836. https://doi.org/10.1038/nature16961.

[64] Yevgen Chebotar et al. Closing the Sim-to-Real Loop: Adapting Simulation Randomization with Real World Experience. 2018. https://doi.org/10.48550/arXiv.1810.05687.

[65] Gabriel Dulac-Arnold et al. „Challenges of real-world reinforcement learning: Definitions, benchmarks and analysis“. In: Machine Learning 110.9 (2021), S. 2419–2468. ISSN: 0885–6125. https://doi.org/10.1007/s10994-021-05961-4.

[66] Yann LeCun, Yoshua Bengio und Geoffrey Hinton. „Deep learning“. In: Nature 521.7553 (2015), S. 436–444. ISSN: 0028–0836. https://doi.org/10.1038/nature14539.

[67] Richard Szeliski. Computer Vision. Cham: Springer International Publishing, 2022. ISBN: 978-3-030-34371-2. https://doi.org/10.1007/978-3-030-34372-9.

[68] Dong Yin et al. A Fourier Perspective on Model Robustness in Computer Vision. 2019. https://doi.org/10.48550/arXiv.1906.08988.

[69] Alex Krizhevsky, Ilya Sutskever und Geoffrey E. Hinton. „ImageNet Classification with Deep Convolutional Neural Networks“. In: Advances in Neural Information Processing Systems. Hrsg. von F. Pereira et al. Bd. 25. Curran Associates, Inc, 2012. https://proceedings.neurips.cc/paper_files/paper/2012/file/c399862d3b9d6b76c8436e924a68c45b-Paper.pdf.

[70] MathWorks. Was ist ein Convolutional Neural Network? 3 Dinge, die Sie wissen sollten. https://de.mathworks.com/discovery/convolutional-neural-network.html.

[71] Jay Lee, Hung-An Kao und Shanhu Yang. „Service Innovation and Smart Analytics for Industry 4.0 and Big Data Environment“. In: Procedia CIRP 16 (2014), S. 3–8. ISSN: 22128271. https://doi.org/10.1016/j.procir.2014.02.001.

[72] Gian Antonio Susto et al. „Machine Learning for Predictive Maintenance: A Multiple Classifier Approach“. In: IEEE Transactions on Industrial Informatics 11.3 (2015), S. 812–820. ISSN: 1551–3203. https://doi.org/10.1109/TII.2014.2349359.

[73] P. Nunes, J. Santos und E. Rocha. „Challenges in predictive maintenance – A review“. In: CIRP Journal of Manufacturing Science and Technology 40 (2023), S. 53–67. ISSN: 17555817. https://doi.org/10.1016/j.cirpj.2022.11.004.

[74] P. Stavropoulos et al. „Monitoring and Control of Manufacturing Processes: A Review“. In: Procedia CIRP 8 (2013), S. 421–425. ISSN: 22128271. https://doi.org/10.1016/j.procir.2013.06.127.

[75] Thyago P. Carvalho et al. „A systematic literature review of machine learning methods applied to predictive maintenance“. In: Computers & Industrial Engineering 137 (2019), S. 106024. ISSN: 03608352. https://doi.org/10.1016/j.cie.2019.106024.

[76] Min Liu, Ling Li und Feng Yan. Intelligent Predictive Maintenance. Singapore: Springer Nature Singapore, 2024. ISBN: 978-981-97-2676-9. https://doi.org/10.1007/978-981-97-2677-6.

[77] Rameshwar Dubey et al. „Big Data and Predictive Analytics and Manufacturing Performance: Integrating Institutional Theory, Resource – Based View and Big Data Culture“. In: British Journal of Management 30.2 (2019), S. 341–361. ISSN: 1045–3172. https://doi.org/10.1111/1467-8551.12355.

[78] Ji-hye Jun, Tai-Woo Chang und Sungbum Jun. „Quality Prediction and Yield Improvement in Process Manufacturing Based on Data Analytics“. In: Processes 8.9 (2020), S. 1068. https://doi.org/10.3390/pr8091068.

[79] Donald Azuatalam et al. „Reinforcement learning for whole-building HVAC control and demand response“. In: Energy and AI 2 (2020), S. 100020. ISSN: 26665468. https://doi.org/10.1016/j.egyai.2020.100020.

[80] Zhanhong Jiang et al. „Building HVAC control with reinforcement learning for reduction of energy cost and demand charge“. In: Energy and Buildings 239 (2021), S. 110833. ISSN: 03787788. https://doi.org/10.1016/j.enbuild.2021.110833.

[81] S. L. Zhou et al. „A comprehensive review of the applications of machine learning for HVAC“. In: DeCarbon 2 (2023), S. 100023. ISSN: 29498813. https://doi.org/10.1016/j.decarb.2023.100023.

[82] Yiran Yang et al. „The use of virtual reality in manufacturing education: State-of-the-art and future directions“. In: Manufacturing Letters 35 (2023), S. 1214–1221. ISSN: 22138463. https://doi.org/10.1016/j.mfglet.2023.07.023.

[83] M. Raissi, P. Perdikaris und G. E. Karniadakis. „Physics-informed neural networks: A deep learning framework for solving forward and inverse problems involving nonlinear partial differential equations“. In: Journal of Computational Physics 378 (2019), S. 686–707. ISSN: 00219991. https://doi.org/10.1016/j.jcp.2018.10.045.

[84] Jorrit Voigt et al. „Increased relative density and characteristic melt pool. signals at the edge in PBF-LB/M“. In: Additive Manufacturing 19 (2022), S. 102798. ISSN: 22148604. https://doi.org/10.1016/j.addma.2022.102798.

[85] John Jumper et al. „Highly accurate protein structure prediction with AlphaFold“. In: Nature 596.7873 (2021), S. 583–589. ISSN: 0028-0836. https://doi.org/10.1038/s41586-021-03819-2.

[86] Mohammed Sharafath Abdul Hameed und Andreas Schwung. „Graph neural networks-based scheduler for production planning problems using reinforcement learning“. In: Journal of Manufacturing Systems 69 (2023), S. 91–102. ISSN: 02786125. https://doi.org/10.1016/j.jmsy.2023.06.005.

[87] Ajay Kulkarni, Deri Chong und Feras A. Batarseh. „Foundations of data imbalance and solutions for a data democracy“. In: Data Democracy. Elsevier, 2020, S. 83–106. ISBN: 9780128183663. https://doi.org/10.1016/B978-0-12-818366-3.00005-8.

[88] J. W. Schoonahd, J. D. Gould und L. A. Miller. „Studies of Visual Inspection“. In: Ergonomics 16.4 (1973), S. 365–379. https://doi.org/10.1080/00140137308924528.

[89] Karsten Roth et al. „Towards Total Recall in Industrial Anomaly Detection“. In: 2022 IEEE/CVF Conference on Computer Vision and Pattern Recognition (CVPR). IEEE, 2022, S. 14298–14308. ISBN: 978-1-6654-6946-3. https://doi.org/10.1109/CVPR52688.2022.01392.

[90] Takaya Saito und Marc Rehmsmeier. „The precision-recall plot is more informative than the ROC plot when evaluating binary classifiers on imbalanced datasets“. In: PloS one 10.3 (2015), e0118432. https://doi.org/10.1371/journal.pone.0118432.

[91] Barocas. Solon, Moritz Hardt und Arvind Narayanan. Fairness and machine learning: Limitations and opportunities. Cambridge, Massachusetts: The MIT Press, 2023. ISBN: 9780262048613.

[92] Kate Crawford. Atlas of AI. Yale University Press, 2021. ISBN: 9780300252392. https://doi.org/10.12987/9780300252392.

[93] P. Chapman. „CRISP-DM 1.0: Step-by-step data mining guide“. In: 2000. https://api.semanticscholar.org/CorpusID:59777418.

[94] Nikolai West et al. „Towards integrated Data Analysis Quality: Criteria for the application of Industrial Data Science“. In: 2021 IEEE 22nd International Conference on Information Reuse and Integration for Data Science (IRI). IEEE, 2021, S. 131–138. ISBN: 978-1-6654-3875-9. https://doi.org/10.1109/IRI51335.2021.00024.

[95] Klaus North, Hrsg. Wissensorientierte Unternehmensführung. Wiesbaden: Springer Fachmedien Wiesbaden, 2016. ISBN: 978-3-658-11642-2. https://doi.org/10.1007/978-3-658-11643-9.

[96] Colin Shearer. „The CRISP-DM model: the new blueprint for data mining“. In: Journal of data warehousing 5.4 (2000), S. 13–22.

[97] Christoph Schröer, Felix Kruse und Jorge Marx Gómez. „A Systematic Literature Review on Applying CRISP-DM Process Model“. In: Procedia Computer Science 181 (2021), S. 526–534. ISSN: 18770509. https://doi.org/10.1016/j.procs.2021.01.199.

[98] Azure Machine Learning. What is the Team Data Science Process? Hrsg. von Microsoft Corporation. 2017. https://learn.microsoft.com/en-us/azure/architecture/data-science-process/overview.

[99] Saleema Amershi et al. „Software Engineering for Machine Learning: A Case Study“. In: 2019 IEEE/ACM 41st International Conference on Software Engineering: Software Engineering in Practice (ICSE-SEIP). IEEE, 2019, S. 291–300. ISBN: 978-1-7281-1760-7. https://doi.org/10.1109/ICSE-SEIP.2019.00042.

[100] Inessa Seifert et al. Potential of Artificial Intelligence in Germany’s Producing Sector. Hrsg. von iit-Institut für Innovation und Technik in der VDI / VDE Innovation + Technik GmbH. Berlin, 2018.

[101] Rainer Glatz und Claus Oetter. Quick Guide Machine Learning im Maschinen- und Anlagenbau. Frankfurt am Main, 2018.

[102] Katarzyna Kolasa et al. „Systematic reviews of machine learning in healthcare: a literature review“. In: Expert review of pharmacoeconomics & outcomes research 24.1 (2024), S. 63–115. https://doi.org/10.1080/14737167.2023.2279107.

[103] Samuel Budd, Emma C. Robinson und Bernhard Kainz. „A survey on active learning and human-in-the-loop deep learning for medical image analysis“. In: Medical image analysis 71 (2021), S. 102062. https://doi.org/10.1016/j.media.2021.102062.

[104] Janis Klaise et al. „Monitoring and explainability of models in production“. In: ArXiv abs/2007.06299 (2020).

[105] Timo Koppe, Jonas Schatz und Thomas Hornung. „Herausforderungen und Potenziale von KI-gestützter visueller Inspektion in der Elektronikindustrie“. In: Künstliche Intelligenz. Hrsg. von Peter Buxmann und Holger Schmidt. Berlin, Heidelberg: Springer Berlin Heidelberg, 2021, S. 65–80. ISBN: 978-3-662-61793-9. https://doi.org/10.1007/978-3-662-61794-6_4.

[106] Julien Siebert et al. „Construction of a quality model for machine learning systems“. In: Software Quality Journal 30.2 (2022), S. 307–335. ISSN: 0963–9314.https://doi.org/10.1007/s11219-021-09557-y.

[107] Olga Russakovsky et al. „ImageNet Large Scale Visual Recognition Challenge“. In: International Journal of Computer Vision 115.3 (2015), S. 211–252. ISSN: 0920–5691. https://doi.org/10.1007/s11263-015-0816-y.

[108] Gayashan Porawagamage et al. „A review of machine learning applications in power system protection and emergency control: opportunities, challenges, and future directions“. In: Frontiers in Smart Grids 3 (2024). https://doi.org/10.3389/frsgr.2024.1371153.

[109] Charbel El Hachem et al. „Welding Seam Classification in the Automotive Industry using Deep Learning Algorithms“. In: 2021 IEEE International Conference on Industry 4.0, Artificial Intelligence, and Communications Technology (IAICT), S. 235–240. https://doi.org/10.1109/IAICT52856.2021.9532569.

[110] Tingting Chen et al. „Machine Learning in Manufacturing towards Industry 4.0: From ‘For Now’ to ‘Four-Know’“. In: Applied Sciences 13.3 (2023), S. 1903. ISSN: 2076–3417. https://doi.org/10.3390/app13031903.

[111] Eliza Strickland. „Andrew Ng, AI Minimalist: The Machine-Learning Pioneer Says Small is the New Big“. In: IEEE Spectrum 59.4 (2022), S. 22–50. ISSN: 0018–9235. https://doi.org/10.1109/MSPEC.2022.9754503.

[112] Thorsten Wuest et al. „Machine learning in manufacturing: Advantages, challenges, and applications“. In: Production & Manufacturing Research 4.1 (2016), S. 23–45. ISSN: 2169-3277. https://doi.org/10.1080/21693277.2016.1192517.

[113] Jo ao Gama et al. „A survey on concept drift adaptation“. In: ACM Computing Surveys 46.4 (2014), S. 1–37. ISSN: 0360–0300. https://doi.org/10.1145/2523813.

[114] Mark Haakman et al. „AI lifecycle models need to be revised“. In: Empirical Software Engineering 26.5 (2021). ISSN: 1382–3256. https://doi.org/10.1007/s10664-021-09993-1.

[115] Fernando Iafrate. „A Journey from Big Data to Smart Data“. In: Digital Enterprise Design & Management. Hrsg. von Pierre – Jean Benghozi et al. Bd. 261. Advances in Intelligent Systems and Computing. Cham: Springer International Publishing, 2014, S. 25–33. ISBN: 978-3-319-04312-8. https://doi.org/10.1007/978-3-319-04313-5_3.

[116] Andreas Wierse und Till Riedel. Smart Data Analytics. De Gruyter, 2017. ISBN: 9783110463958.https://doi.org/10.1515/9783110463958.
[117] Jorrit Voigt, Marlene Judith Gillmann und Klaus Dröder. „Systematic Planning and Early-Stage Development of Industrial AI Systems for Plant Optimization". In: Circularity Days 2024. Hrsg. von Klaus Dröder und Thomas Vietor. Zukunftstechnologien für den multifunktionalen Leichtbau. Wiesbaden: Springer Fachmedien Wiesbaden, 2025, S. 331–344. ISBN: 978-3-658-45888-1. https://doi.org/10.1007/978-3-658-45889-8_26.
[118] Robert K. Yin. Case study research: Design and methods. Fifth edition. Los Angeles (California): Sage Publications, 2014. ISBN: 978-1452242569.
[119] Risk-Informed Methods and Applications in Nuclear and Energy Engineering. Elsevier, 2024. ISBN: 9780323911528.
[120] Zhou Wang et al. „Image quality assessment: from error visibility to structural similarity". In: IEEE transactions on image processing : a publication of the IEEE Signal Processing Society 13.4 (2004), S. 600–612. ISSN: 1057–7149.https://doi.org/10.1109/TIP.2003.819861.
[121] Robert Kaiser. Qualitative Experteninterviews: Konzeptionelle Grundlagen und praktische Durchführung. 2., aktualisierte Auflage. Elemente der Politik. Wiesbaden: Springer VS, 2021. ISBN: 978-3-658-30254-2.
[122] Dimitris C. Psichogios und Lyle H. Ungar. „A hybrid neural network–first principles approach to process modeling". In: AIChE Journal 38.10 (1992), S. 1499–1511. ISSN: 0001–1541. https://doi.org/10.1002/aic.690381003.
[123] Jorrit Voigt et al. „Modelling dynamic 3D heat transfer in laser material processing based on physics informed neural networks". In: EPJ Web of Conferences 266 (2022), S. 02010. ISSN: 2100–014X. https://doi.org/10.1051/epjconf/202226602010.
[124] Andrei Aksjonov und Ville Kyrki. „A Safety-Critical Decision-Making and Control Framework Combining Machine-Learning-Based and Rule-Based Algorithms". In: SAE International Journal of Vehicle Dynamics, Stability, and NVH 7.3 (2023). ISSN: 2380–2162. https://doi.org/10.4271/10-07-03-0018.
[125] Artur M. Schweidtmann, Dongda Zhang und Moritz von Stosch. „A review and perspective on hybrid modeling methodologies". In: Digital Chemical Engineering 10 (2024), S. 100136. ISSN: 27725081. https://doi.org/10.1016/j.dche.2023.100136.
[126] Chengji Liu et al. „Object Detection Based on YOLO Network". In: 2018 IEEE 4th Information Technology and Mechatronics Engineering Conference (ITOEC). IEEE, 2018, S. 799–803. ISBN: 978-1-5386-5373-9. https://doi.org/10.1109/ITOEC.2018.8740604.
[127] Martin Ester und Jörg Sander. Knowledge Discovery in Databases: Techniken und Anwendungen. Berlin, Heidelberg: Springer Berlin Heidelberg, 2000. ISBN: 978-3-642-58331-5.
[128] J. U. Hansen und P. Quinon. „The importance of expert knowledge in big data and machine learning". In: Synthese 201 (2023), S. 1–21. https://api.semanticscholar.org/CorpusID:256060110.
[129] Venkat Gudivada, Amy Apon und Junhua Ding. „Data quality considerations for big data and machine learning: Going beyond data cleaning and transformations". In: International Journal on Advances in Software 10.1 (2017), S. 1–20.
[130] Lukas Budach et al. The Effects of Data Quality on Machine Learning Performance. 2022. https://doi.org/10.48550/arXiv.2207.14529.

[131] Nithya Sambasivan et al. „Everyone wants to do the model work, not the data work“: Data Cascades in High-Stakes AI“. In: Proceedings of the 2021 CHI Conference on Human Factors in Computing Systems. Hrsg. von Yoshifumi Kitamura et al. New York, NY, USA: ACM, 2021, S. 1–15. ISBN: 9781450380966. https://doi.org/10.1145/3411764.3445518.

[132] Elena Parmiggiani, Thomas Østerlie und Petter Grytten Almklov. „In the Backrooms of Data Science“. In: Journal of the Association for Information Systems 23.1 (2022), S. 139–164. https://doi.org/10.17705/1jais.00718.

[133] Sushant Kumar et al. „Opportunities and Challenges in Data-Centric AI“. In: IEEE Access 12 (2024), S. 33173–33189. ISSN: 2169–3536. https://doi.org/10.1109/ACCESS.2024.3369417.

[134] Bart Baesens, Sebastiaan Höppner und Tim Verdonck. „Data engineering for fraud detection“. In: Decision Support Systems 150 (2021), S. 113492. ISSN: 01679236. https://doi.org/10.1016/j.dss.2021.113492.

[135] N. V. Chawla et al. „SMOTE: Synthetic Minority Over-sampling Technique“. In: (2011). https://doi.org/10.48550/arXiv.1106.1813.

[136] Yann LeCun et al. „Learning algorithms for classification: A comparison on handwritten digit recognition“. In: 1995. https://api.semanticscholar.org/CorpusID:13411815.

[137] Charles X. Ling und Victor S. Sheng. „Cost-Sensitive Learning and the Class Imbalance Problem“. In: 2008. https://api.semanticscholar.org/CorpusID:7601043.

[138] Yaniv Ovadia et al. Can You Trust Your Model's Uncertainty? Evaluating Predictive Uncertainty Under Dataset Shift. 2019. https://doi.org/10.48550/ARXIV.1906.02530.

[139] Stephan Rabanser, Stephan Günnemann und Zachary Lipton. „Failing loudly: An empirical study of methods for detecting dataset shift“. In: Advances in Neural Information Processing Systems 32 (2019).

[140] Pantelis Linardatos, Vasilis Papastefanopoulos und Sotiris Kotsiantis. „Explainable AI: A Review of Machine Learning Interpretability Methods“. In: Entropy (Basel, Switzerland) 23.1 (2020). https://doi.org/10.3390/e23010018.

[141] Tim Miller. „Explanation in artificial intelligence: Insights from the social sciences“. In: Artificial Intelligence 267 (2019), S. 1–38. ISSN: 00043702. https://doi.org/10.1016/j.artint.2018.07.007.

[142] Derek Doran, Sarah Schulz und Tarek R. Besold. What Does Explainable AI Really Mean? A New Conceptualization of Perspectives. 2017. https://doi.org/10.48550/arXiv.1710.00794.

[143] Finale Doshi-Velez und Been Kim. Towards A Rigorous Science of Interpretable Machine Learning. 2017. https://doi.org/10.48550/arXiv.1702.08608.

[144] Hoa Khanh Dam, Truyen Tran und Aditya Ghose. Explainable Software Analytics. 2018. https://doi.org/10.48550/arXiv.1802.00603.

[145] Marco Tulio Ribeiro, Sameer Singh und Carlos Guestrin. „Why Should I Trust You?: Explaining the Predictions of Any Classifier“. In: Proceedings of the 22nd ACM SIGKDD International Conference on Knowledge Discovery and Data Mining. KDD '16. New York, NY, USA: Association for Computing Machinery, 2016, S. 1135–1144. ISBN: 9781450342322. https://doi.org/10.1145/2939672.2939778.

[146] Lukas-Valentin Herm et al. „Stop ordering machine learning algorithms by their explainability! A user-centered investigation of performance and explainability“. In: International Journal of Information Management 69 (2023), S. 102538. ISSN: 02684012. https://doi.org/10.1016/j.ijinfomgt.2022.102538.

[147] Advait Sarkar. Is explainable AI a race against model complexity? 2022. https://doi.org/10.48550/arXiv.2205.10119.

[148] Moloud Abdar et al. „A review of uncertainty quantification in deep learning: Techniques, applications and challenges“. In: Information Fusion 76 (2021), S. 243–297. ISSN: 15662535. https://doi.org/10.1016/j.inffus.2021.05.008.

[149] Xinlei Zhou et al. „A survey on epistemic (model) uncertainty in supervised learning: Recent advances and applications“. In: Neurocomputing 489 (2022), S. 449–465. ISSN: 09252312. https://doi.org/10.1016/j.neucom.2021.10.119.

[150] Armen Der Kiureghian und Ove Ditlevsen. „Aleatory or epistemic? Does it matter?“ In: Structural Safety 31.2 (2009), S. 105–112. ISSN: 01674730. https://doi.org/10.1016/j.strusafe.2008.06.020.

[151] Roman Gansch und Ahmad Adee. „System Theoretic View on Uncertainties“. In: 2020 Design, Automation & Test in Europe Conference & Exhibition (DATE). IEEE, 2020, S. 1345–1350. ISBN: 978-3-9819263-4-7. https://doi.org/10.23919/DATE48585.2020.9116472.

[152] Jo ao Caldeira und Brian Nord. „Deeply uncertain: comparing methods of uncertainty quantification in deep learning algorithms“. In: Machine Learning: Science and Technology 2.1 (2021), S. 015002. https://doi.org/10.1088/2632-2153/aba6f3.

[153] Matias Valdenegro-Toro und Daniel Saromo. A Deeper Look into Aleatoric and Epistemic Uncertainty Disentanglement. 2022. https://doi.org/10.48550/arXiv.2204.09308.

[154] Nitika Nigam, Tanima Dutta und Hari Prabhat Gupta. „Impact of Noisy Labels in Learning Techniques: A Survey“. In: Advances in Data and Information Sciences. Hrsg. von Mohan L. Kolhe et al. Bd. 94. Lecture Notes in Networks and Systems. Singapore: Springer Singapore, 2020, S. 403–411. ISBN: 978-981-15-0693-2. https://doi.org/10.1007/978-981-15-0694-9_38.

[155] Alex Kendall und Yarin Gal. „What uncertainties do we need in Bayesian deep learning for computer vision?“ In: Proceedings of the 31st International Conference on Neural Information Processing Systems. NIPS'17. Red Hook, NY, USA: Curran Associates Inc, 2017, S. 5580–5590. ISBN: 9781510860964.

[156] Kaiming He et al. Deep Residual Learning for Image Recognition. 2015.https://doi.org/10.48550/arXiv.1512.03385.

[157] L. A. Zadeh. „Fuzzy sets“. In: Information and Control 8.3 (1965), S. 338–353. ISSN: 00199958. https://doi.org/10.1016/S0019-9958(65)90241-X.

[158] J. Voigt und M. Moeckel. „Comparing Principal Component Analysis (PCA) and - Variational Autoencoder (ß-VAE) for Anomaly Detection in Selective Laser Melting (SLM) Process Data“. In: 14th WCCM-ECCOMAS Congress. CIMNE, 11–15 January 2021. https://doi.org/10.23967/wccm-eccomas.2020.144.

[159] Meelis Kull und Peter A. Flach. „Reliability Maps: A Tool to Enhance Probability Estimates and Improve Classification Accuracy“. In: Machine Learning and Knowledge Discovery in Databases. Hrsg. von Toon Calders et al. Bd. 8725. Lecture Notes in Computer Science. Berlin, Heidelberg: Springer Berlin Heidelberg, 2014, S. 18–33. ISBN: 978-3-662-44850-2. https://doi.org/10.1007/978-3-662-44851-9_2.

[160] Chuan Guo et al. „On Calibration of Modern Neural Networks“. In: Proceedings of the 34th International Conference on Machine Learning. Hrsg. von Doina Precup und Yee Whye Teh. Bd. 70. Proceedings of Machine Learning Research. PMLR, 2017, S. 1321–1330. https://proceedings.mlr.press/v70/guo17a.html.

[161] Anh Nguyen, Jason Yosinski und Jeff Clune. Deep Neural Networks are Easily Fooled: High Confidence Predictions for Unrecognizable Images. 2014.https://doi.org/10.48550/arXiv.1412.1897.

[162] Nicolas Papernot und Patrick McDaniel. Deep k-Nearest Neighbors: Towards Confident, Interpretable and Robust Deep Learning. 2018. https://doi.org/10.48550/arXiv.1803.04765.

[163] Tizian Schneider et al. „Einfluss von Datenqualität, Domain Shift und Messunsicherheit auf die Vorhersagequalität smarter Sensorsysteme". In: tm – Technisches Messen 90.s1 (2023), S. 33–36. ISSN: 0171-8096. https://doi.org/10.1515/teme-2023-0087.

[164] Payman Goodarzi, Andreas Schütze und Tizian Schneider. „Comparison of different ML methods concerning prediction quality, domain adaptation and robustness". In: tm – Technisches Messen 89.4 (2022), S. 224–239. ISSN: 0171–8096. https://doi.org/10.1515/teme-2021-0129.

[165] Edmon Begoli, Tanmoy Bhattacharya und Dimitri Kusnezov. „The need for uncertainty quantification in machine-assisted medical decision making". In: Nature Machine Intelligence 1.1 (2019), S. 20–23. https://doi.org/10.1038/s42256-018-0004-1.

[166] Robin Senge et al. „Reliable classification: Learning classifiers that distinguish aleatoric and epistemic uncertainty". In: Information Sciences 255.6 (2014), S. 16–29. ISSN: 00200255. https://doi.org/10.1016/j.ins.2013.07.030.

[167] Kush R. Varshney und Homa Alemzadeh. On the Safety of Machine Learning: Cyber-Physical Systems, Decision Sciences, and Data Products. 2016. https://doi.org/10.48550/arXiv.1610.01256.

[168] Jorrit Voigt und Michael Moeckel. „Benchmarking a multi-layer approach and neural network architectures for defect detection in PBF-LB/M". In: Materials Today Communications 33 (2022), S. 104878. ISSN: 23524928. https://doi.org/10.1016/j.mtcomm.2022.104878.

[169] Antonio Menditto, Marina Patriarca und Bertil Magnusson. „Understanding the meaning of accuracy, trueness and precision". In: Accreditation and Quality Assurance 12.1 (2007), S. 45–47. ISSN: 0949–1775. https://doi.org/10.1007/s00769-006-0191-z.

[170] Burkhard Priemer. „Richtig, präzise und genau". In: Unsicherheiten, aber sicher! Hrsg. von Burkhard Priemer. Berlin, Heidelberg: Springer Berlin Heidelberg, 2022, S. 19–44. ISBN: 978-3-662-63989-4. https://doi.org/10.1007/978-3-662-63990-0_3.

[171] M. D. McKay, R. J. Beckman und W. J. Conover. „A Comparison of Three Methods for Selecting Values of Input Variables in the Analysis of Output from a Computer Code". In: Technometrics 21.2 (1979), S. 239. ISSN: 00401706.https://doi.org/10.2307/1268522.

[172] Asmaul Hosna et al. „Transfer learning: a friendly introduction". In: Journal of big data 9.1 (2022), S. 102. ISSN: 2196–1115. https://doi.org/10.1186/s40537-022-00652-w.

[173] Qiang Yang et al. Transfer Learning. Cambridge University Press, 2020. ISBN: 9781139061773. https://doi.org/10.1017/9781139061773.

[174] Karl Weiss, Taghi M. Khoshgoftaar und DingDing Wang. „A survey of transfer learning". In: Journal of big data 3.1 (2016). ISSN: 2196–1115. https://doi.org/10.1186/s40537-016-0043-6.

[175] Sinno Jialin Pan und Qiang Yang. „A Survey on Transfer Learning". In: IEEE Transactions on Knowledge and Data Engineering 22.10 (2010), S. 1345–1359. ISSN: 1041–4347. https://doi.org/10.1109/TKDE.2009.191.

[176] Joseph Redmon et al. You Only Look Once: Unified, Real-Time Object Detection. 2015. https://doi.org/10.48550/arXiv.1506.02640.
[177] Enze Xie et al. SegFormer: Simple and Efficient Design for Semantic Segmentation with Transformers. 2021. https://doi.org/10.48550/arXiv.2105.15203.
[178] Dan Hendrycks, Kimin Lee und Mantas Mazeika. „Using Pre-Training Can Improve Model Robustness and Uncertainty". In: Proceedings of the 36th International Conference on Machine Learning. Hrsg. von Kamalika Chaudhuri und Ruslan Salakhutdinov. Bd. 97. Proceedings of Machine Learning Research. PMLR, 2019, S. 2712–2721. https://proceedings.mlr.press/v97/hendrycks19a.html.
[179] I. T. Author Jolliffe. Principal component analysis. Springer, 2002. ISBN: 978-0-387-22440-4.
[180] Mohammed J. Zaki und JrWagner Meira. Data Mining and Analysis. Cambridge University Press, 2014. ISBN: 9780521766333. https://doi.org/10.1017/CBO9780511810114.
[181] Wojciech Samek et al. Explainable AI: Interpreting, Explaining and Visualizing Deep Learning. Bd. 11700. Cham: Springer International Publishing, 2019. ISBN: 978-3-030-28953-9. https://doi.org/10.1007/978-3-030-28954-6.
[182] Christoph Molnar. Interpretable machine learning: A guide for making black box models explainable. Second edition. 2022. ISBN: 979-8411463330. https://christophm.github.io/interpretable-ml-book.
[183] Ramprasaath R. Selvaraju et al. „Grad-CAM: Why did you say that? Visual Explanations from Deep Networks via Gradient-based Localization". In: CoRR abs/1610.02391 (2016).
[184] Markus Hofmarcher et al. „Visual Scene Understanding for Autonomous Driving Using Semantic Segmentation". In: Explainable AI: Interpreting, Explaining and Visualizing Deep Learning. Hrsg. von Wojciech Samek et al. Bd. 11700. Lecture Notes in Computer Science. Cham: Springer International Publishing, 2019, S. 285–296. ISBN: 978-3-030-28953-9. https://doi.org/10.1007/978-3-030-28954-6_15.
[185] Arsen Plaksyvyi, Maria Skublewska-Paszkowska und Pawel Powroznik. „A Comparative Analysis of Image Segmentation Using Classical and Deep Learning Approach". In: Advances in Science and Technology Research Journal 17.6 (2023), S. 127–139. ISSN: 2080–4075.https://doi.org/10.12913/22998624/172771.
[186] Uroosa Sehar und Muhammad Luqman Naseem. „How deep learning is empowering semantic segmentation: Traditional and deep learning techniques for semantic segmentation: A comparison". In: Multimedia tools and applications 81.21 (2022), S. 30519–30544. ISSN: 1380–7501. https://doi.org/10.1007/s11042-022-12821-3.
[187] Niall O'Mahony et al. „Deep Learning vs. Traditional Computer Vision". In: Advances in Computer Vision. Hrsg. von Kohei Arai und Supriya Kapoor. Bd. 943. Advances in Intelligent Systems and Computing. Cham: Springer International Publishing, 2020, S. 128–144. ISBN: 978-3-030-17794-2. https://doi.org/10.1007/978-3-030-17795-9_10.
[188] Ines Steinke. Kriterien qualitativer Forschung: Ans ätze zur Bewertung qualitativ-empirischer Sozialforschung. Weinheim: Juventa, 1999. ISBN: 3-7799-1065-9.
[189] Glaser. Risiko im Management. Springer Fachmedien Wiesbaden, 2019. ISBN: 978-3-658-25834-4.
[190] Ninareh Mehrabi et al. „A Survey on Bias and Fairness in Machine Learning". In: ACM Computing Surveys 54.6 (2022), S. 1–35. ISSN: 0360-0300. https://doi.org/10.1145/3457607.

[191] Philipp Mayring. „Qualitative Inhaltsanalyse". In: Handbuch Qualitative Forschung in der Psychologie. Hrsg. von Günter Mey und Katja Mruck. Wiesbaden: VS Verlag für Sozialwissenschaften, 2010, S. 601–613. ISBN: 978-3-531-16726-8. https://doi.org/10.1007/978-3-531-92052-8_42.

[192] Aneeta Sylolypavan et al. „The impact of inconsistent human annotations on AI driven clinical decision making". In: NPJ digital medicine 6.1 (2023), S. 26. https://doi.org/10.1038/s41746-023-00773-3.

[193] Christoffer Bøgelund Rasmussen, Kristian Kirk und Thomas B. Moeslund. „The Challenge of Data Annotation in Deep Learning-A Case Study on Whole Plant Corn Silage". In: Sensors (Basel, Switzerland) 22.4 (2022). https://doi.org/10.3390/s22041596.

[194] Karl Siebertz, David van Bebber und Thomas Hochkirchen. Statistische Versuchsplanung. Berlin, Heidelberg: Springer Berlin Heidelberg, 2017. ISBN: 978-3-662-55742-6. https://doi.org/10.1007/978-3-662-55743-3.

[195] Gen'ichi Taguchi. Taghuchi on robust technology development: Bringing Quality Engineering Upstream. ASME press series on international advances in design productivity. New York: ASME Press, 1993. ISBN: 978-0791800287.

[196] Limei Song et al. „A Multi-View Stereo Measurement System Based on a Laser Scanner for Fine Workpieces". In: Sensors (Basel, Switzerland) 19.2 (2019). https://doi.org/10.3390/s19020381.

[197] Michael Marxer, Carlo Bach und Claus P. Keferstein. Fertigungsmesstechnik: Alles zu Messunsicherheit, konventioneller Messtechnik und Multisensorik. 10. Aufl. Wiesbaden: Springer Fachmedien Wiesbaden, 2021. ISBN: 978-3-658-34167-1. https://doi.org/10.1007/978-3-658-34168-8.

[198] Tariq Ahmed et al. „Reduction of Alert Fatigue using Extended Isolation Forest". In: 2021 International Conference on Forensics, Analytics, Big Data, Security (FABS). IEEE, 2021, S. 1–5. ISBN: 978-1-6654-2005-1. https://doi.org/10.1109/FABS52071.2021.9702617.

[199] Andreas Gebhardt. Additive Fertigungsverfahren: Additive manufacturing und 3D-Drucken für Prototyping – Tooling – Produktion. 5., neu bearbeitete und erweiterte Auflage. München: Hanser, 2016. ISBN: 978-3-446-44401-0.

[200] Ian Gibson et al. Additive Manufacturing Technologies. 3. Aufl. Springer International Publishing, 2021. ISBN: 978-3030561260.

[201] Damir Godec et al. A Guide to Additive Manufacturing. Cham: Springer International Publishing, 2022. ISBN: 978-3-031-05862-2. https://doi.org/10.1007/978-3-031-05863-9.

[202] T. DebRoy et al. „Additive manufacturing of metallic components – Process, structure and properties". In: Progress in Materials Science 92 (2018), S. 112–224. ISSN: 00796425. https://doi.org/10.1016/j.pmatsci.2017.10.001.

[203] Deutsche Institut für Normung e. V. DIN EN ISO/ASTM 52900:2022-03, Additive Fertigung _- Grundlagen _- Terminologie (ISO/ASTM 52900:2021); Deutsche Fassung EN _ISO/ASTM 52900:2021. Berlin. https://doi.org/10.31030/3290011.

[204] Clifford A. Truesdell. A firste course in rational continuum mechanics. 2. ed. Bd. 71. Pure and applied mathematics. Boston: Academic Press, 1997. ISBN: 0-12-701300-8.

[205] Thomas G. Spears und Scott A. Gold. „In-process sensing in selective laser melting (SLM) additive manufacturing". In: Integrating Materials and Manufacturing Innovation 5.1 (2016), S. 16–40. ISSN: 2193–9764. https://doi.org/10.1186/s40192-016-0045-4.

[206] Manisha Bisht et al. „Correlation of selective laser melting-melt pool events with the tensile properties of Ti-6Al-4V ELI processed by laser powder bed fusion“. In: Additive Manufacturing 22 (2018), S. 302–306. ISSN: 22148604. https://doi.org/10.1016/j.addma.2018.05.004.
[207] Sam Coeck et al. „Prediction of lack of fusion porosity in selective laser melting based on melt pool monitoring data“. In: Additive Manufacturing 25 (2019), S. 347–356. ISSN: 22148604. https://doi.org/10.1016/j.addma.2018.11.015.
[208] Richard J. Williams et al. „In situ thermography for laser powder bed fusion: Effects of layer temperature on porosity, microstructure and mechanical properties“. In: Additive Manufacturing 30 (2019), S. 100880. ISSN: 22148604. https://doi.org/10.1016/j.addma.2019.100880.
[209] Gunther Mohr et al. „Process Induced Preheating in Laser Powder Bed Fusion Monitored by Thermography and Its Influence on the Microstructure of 316L Stainless Steel Parts“. In: Metals 11.7 (2021), S. 1063. https://doi.org/10.3390/met11071063.
[210] Martin Ester et al. „A density-based algorithm for discovering clusters in large spatial databases with noise“. In: Proceedings of the Second International Conference on Knowledge Discovery and Data Mining. KDD'96. AAAI Press, 1996, S. 226–231.
[211] David Arthur und Sergei Vassilvitskii. „k-means++: the advantages of careful seeding“. In: Proceedings of the Eighteenth Annual ACM-SIAM Symposium on Discrete Algorithms. SODA '07. USA: Society for Industrial and Applied Mathematics, 2007, S. 1027–1035. ISBN: 9780898716245.
[212] F. Pedregosa et al. „Scikit-learn: Machine Learning in Python“. In: Journal of Machine Learning Research 12 (2011), S. 2825–2830.
[213] Pinku Yadav et al. „In Situ Monitoring Systems of The SLM Process: On the Need to Develop Machine Learning Models for Data Processing“. In: Crystals 10.6 (2020), S. 524. https://doi.org/10.3390/cryst10060524.
[214] Dario Croccolo et al. „Effects of build orientation and thickness of allowance on the fatigue behaviour of 15–5 PH stainless steel manufactured by DMLS“. In: Fatigue & Fracture of Engineering Materials & Structures 41.4 (2018), S. 900–916. ISSN: 8756-758X. https://doi.org/10.1111/ffe.12737.
[215] Davood Karimi et al. „Deep learning with noisy labels: Exploring techniques and remedies in medical image analysis“. In: Medical image analysis 65 (2020), S. 101759. https://doi.org/10.1016/j.media.2020.101759.
[216] A. S.M. Shihavuddin et al. „Wind Turbine Surface Damage Detection by Deep Learning Aided Drone Inspection Analysis“. In: Energies 12.4 (2019), S. 676. https://doi.org/10.3390/en12040676.
[217] Irina Higgins et al. „beta-VAE: Learning Basic Visual Concepts with a Constrained Variational Framework“. In: International Conference on Learning Representations. 2016. https://api.semanticscholar.org/CorpusID:46798026.
[218] Laith Alzubaidi et al. „Review of deep learning: concepts, CNN architectures, challenges, applications, future directions“. In: Journal of big data 8.1 (2021), S. 53. ISSN: 2196-1115. https://doi.org/10.1186/s40537-021-00444-8.
[219] Andrei-Alexandru Tulbure, Adrian-Alexandru Tulbure und Eva-Henrietta Dulf. „A review on modern defect detection models using DCNNs – Deep convolutional neural networks“. In: Journal of advanced research 35 (2022), S. 33–48. https://doi.org/10.1016/j.jare.2021.03.015.

[220] Kaiming He et al., Hrsg. Mask r-cnn. 2017.

[221] Xukuan Xu et al. „AutoML based workflow for design of experiments (DOE) selection and benchmarking data acquisition strategies with simulation models“. In: Scientific reports 14.1 (2024), S. 32170. https://doi.org/10.1038/s41598-024-83581-3.

[222] Xukuan Xu und Michael J. Moeckel. „Machine Learning Based Early Rejection of Low Performance Cells in Li Ion Battery Production“. In: Proceedings of the 2024 3rd Asia Conference on Algorithms, Computing and Machine Learning. New York, NY, USA: ACM, 2024, S. 251–256. ISBN: 9798400716416. https://doi.org/10.1145/3654823.3654870.

FSC
www.fsc.org
MIX
Papier | Fördert
gute Waldnutzung
FSC® C083411

Kolibri 360 GmbH
Ferdinand-Jühlke-Straße 7
99095 Erfurt, Deutschland
produktsicherheit@kolibri360.de